高坝下游水垫塘结构安全性综合研究

梁洪华 著

中国水利水电出版社
www.waterpub.com.cn
·北京·

内 容 提 要

本书详细介绍了高坝下游水垫塘内淹没斜向冲击射流的扩散规律和各射流子区域内主要物理量的变化特征，并对冲击射流的研究成果进行了梳理与总结；分析了平底板的稳定破坏机理，利用随机振动理论对平底板的起动过程、失稳形式和破坏形态进行了研究，并结合NZD工程进行了详细的实例研究；结合XLD工程，研究了水垫塘反拱形底板等效荷载与水力条件的关系，并推导出了经验公式，重点介绍和分析了反拱形底板的稳定问题，包括局部稳定分析、整体稳定分析和弹性稳定分析。

本书可为水利水电工程、水工结构、水工设计等相关领域的科研工作者、大中专院校师生、工程技术设计和管理人员开展高坝结构安全研究提供参考。

图书在版编目（CIP）数据

高坝下游水垫塘结构安全性综合研究 / 梁洪华著. 北京 : 中国水利水电出版社, 2024. 8. -- ISBN 978-7-5226-2533-1

Ⅰ. TV649

中国国家版本馆CIP数据核字第20241RJ615号

书　　名	**高坝下游水垫塘结构安全性综合研究** GAOBA XIAYOU SHUIDIANTANG JIEGOU ANQUANXING ZONGHE YANJIU
作　　者	梁洪华　著
出版发行	中国水利水电出版社 （北京市海淀区玉渊潭南路1号D座　100038） 网址：www. waterpub. com. cn E-mail：sales@mwr. gov. cn 电话：(010) 68545888（营销中心）
经　　售	北京科水图书销售有限公司 电话：(010) 68545874、63202643 全国各地新华书店和相关出版物销售网点
排　　版	中国水利水电出版社微机排版中心
印　　刷	天津嘉恒印务有限公司
规　　格	170mm×240mm　16开本　5.5印张　108千字
版　　次	2024年8月第1版　2024年8月第1次印刷
定　　价	**68.00**元

前言

在大坝枢纽布置中，利用坝身孔口泄洪，可以简化枢纽布置。我国的高坝工程，大多采用坝身泄洪布置方式，水头高、流量大、河谷窄、泄洪功率大是这些工程的主要特点。坝身孔口泄洪时，高速下泄水流直接作用在坝址附近的河床内，严重冲刷河床，可能引起岸坡坍塌，危及大坝安全。为避免下游河床的冲刷，保护坝肩稳定，通常将坝脚以下一定距离内的河床用混凝土进行防护，并在适当位置修建二道坝，形成水垫塘，以达到消能和防护的目的。水垫塘底板的形式有两种，一种是复式梯形断面底板（一般称为平底板），另一种是复式反拱形断面底板（一般称为反拱形底板）。无论是平底板还是反拱形底板，水垫塘底板的安全稳定一直是水利工程中非常重要的一个问题。

在这一背景下，本书围绕高坝下游水垫塘底板的安全开展研究，取得的主要研究成果有：①详细介绍了高坝下游水垫塘内淹没斜向冲击射流的扩散规律和各射流子区域内主要物理量的变化特征，并对冲击射流的研究成果进行了梳理与总结；②高坝下游挑跌水流在衬砌缝隙中引起的脉动压力及其传播是造成衬砌断裂解体和破坏的重要因素，当高速射流作用于水垫塘底板上时，强烈的脉动水流在衬砌缝隙内形成较大的脉动压力并沿缝隙传播，致使衬砌破坏，本书列出了用瞬变流理论研究缝隙内脉动压力的方程式；③分析了平底板的稳定破坏机理，引用随机振动理论，对平底板的起动过程、失稳形式和破坏形态进行了研究，并结合实际工程，进行了详细的实例研究；④结合 XLD 工程，研究了水垫塘反拱形底板下等效荷载与水力条件的关系，并推导出了经验公式，重点介绍和分析了反拱形底板的稳定问题，包括局部稳定分析、整体稳定分析和弹性稳定分析；⑤进行了水垫塘结构数字化模型的初步设想，根据流程框图，分析了问题的实质。

本书的写作和修改得到了天津大学、中国水利水电科学研究院等有关单位的大力支持和帮助。天津大学彭新民研究员和中国水利水电科学研究院赵懿珺教授、曾利教授对本书的出版给予了许多指导与帮助，在此致以衷心的感谢。

由于时间和作者水平有限，书中难免存在不足之处，恳请读者批评指正。

作　者

2024年5月于北京

目录

第1章

绪　　论

1.1　引言

在大坝枢纽布置中，利用坝身孔口泄洪，可以简化枢纽布置、减少泄洪工程费用。近年来，我国设计的高坝工程，如二滩、构皮滩、溪洛渡等工程，大多采用了坝身泄洪布置方式。水头高、流量大、河谷窄、泄洪功率大是这些工程的主要特点。坝身孔口泄洪时，高速下泄水流直接作用在坝址附近的河床内，虽然可以采用一些消能措施，但对河床的冲刷仍然不可避免。若不对河床加以保护，势必产生严重冲刷，甚至可能引起岸坡坍塌，危及大坝安全。如赞比亚的卡里巴拱坝（汉高，2001），运行数年后，河床冲刷深度超过70m，严重威胁到大坝的安全，只得进行加固。为避免下游河床的冲刷，保护坝肩稳定，通常将坝脚以下一定距离内的河床用混凝土进行防护，并在适当位置修建二道坝，形成水垫塘，以达到消能和防护的目的，如图1.1-1所示。不衬砌的消能水垫塘，底部凹凸不平、形状复杂，人们很难对塘底水流流态进行控制和调整，不平整的底部表面会严重恶化近底流态、增加冲刷破坏的可能性。混凝土衬砌的水垫塘，表面平整、光滑、无裂缝，它能改善近壁区的水流流态，从而减弱水流的冲刷破坏力。此外，混凝土衬砌可以覆盖、保护河床基岩中容

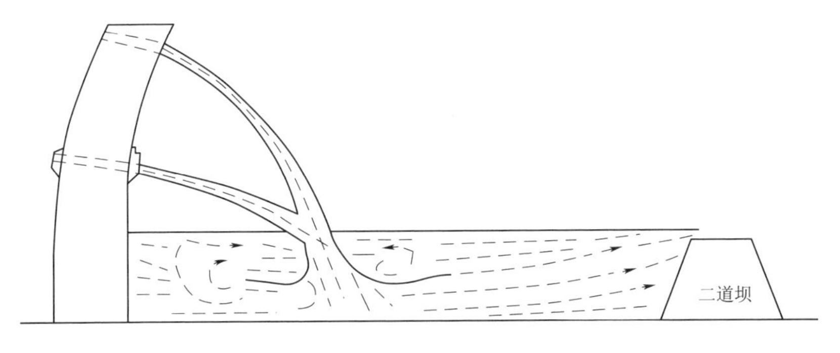

图1.1-1　水垫塘示意图

易受到冲刷破坏的断层、裂隙、结构面等软弱部位，从而提高水垫塘的整体抗冲能力。在设计时可以通过人工衬砌优化水垫塘体型，详细预测塘内水流的水力特性，较准确地预估动水荷载，并采取措施有效地预防冲刷破坏。二道坝为水垫塘的检查、维修提供了良好条件，大大提高了水垫塘的运行可靠性。

目前，水垫塘底板的形式有两种，一种是复式梯形断面底板（一般称为平底板），另一种是复式反拱形断面底板（一般称为反拱形底板）。无论是平底板还是反拱形底板，水垫塘底板的稳定问题一直是水利工程界尚未完全解决的难题，其影响因素众多（包括确定性的和不确定性的），物理过程复杂，严格地讲是一个固、液、气三相互相作用的问题，涉及流体力学、固体力学、随机振动等多种学科。就已有的研究成果看，迄今为止尚无成熟的理论分析方法，目前仍处于探索阶段。因此，随着国内高坝的兴建，对消能防冲问题的研究显得更加迫切和重要。

1.2　前人研究成果回顾

从目前的情况看，对平底板的研究工作做得较多，也有一些是涉及反拱形底板的。水垫塘底板的稳定，属于冲击射流下底板的稳定问题。现将国内外有关水垫塘中射流的特性、冲击区边壁压强分布规律、脉动压强沿缝隙传播规律、底板失稳准则等方面的主要研究成果归纳如下。

1.2.1　有关平底板稳定的研究成果

平底板水平浇筑在开挖后的河床基岩上。它遵循重力式板梁设计准则，进行结构设计时，主要考虑正常泄洪期和检修期两种典型工况，均以浮升失稳为控制条件。正常泄洪期，底板承受的外荷为动水压力；检修期，主要的外荷是渗透水压力。

1.2.1.1　水垫塘中射流的特性

水垫塘中的射流属于冲击射流范畴。按冲击处有无水垫，分为自由冲击射流和淹没冲击射流两大类。一般水垫塘中总存在一定水垫，故以淹没冲击射流为主。

根据二元水流情况，若下游水垫深度小于 5.5 倍水舌厚度，则称小高度冲击射流；若下游水垫深度大于 8.3 倍水舌厚度，则称大高度冲击射流。

根据紊动射流理论（陈玉璞等，1990），射流在发展过程中，射流宽度增大则流速减小。

淹没冲击射流分为三个区域。Ⅰ区：自由射流区，主流近似直线扩散，一般扩散角比空气中射流的大，并由于卷吸的作用，在主流区两侧各形成一旋滚区。Ⅱ区：冲击区，主流受到壁面的折冲，流线弯曲，主流转向，流速迅速减小，压强急剧增大，由自由射流向壁面射流过渡。Ⅲ区：壁面射流区，主流贴壁射出，流动特征完全类似于壁面射流。淹没冲击射流分区如图1.2-1所示。

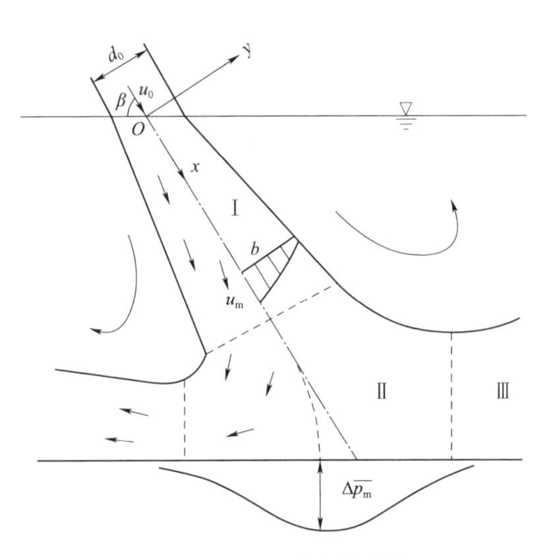

图1.2-1　淹没冲击射流分区

崔广涛等（1985）通过边壁上动水压强反算出滞点处流速，进而推导出射流流速衰减规律：

$$\frac{u_m}{u_0}=\frac{k}{\sqrt{x/d_0}} \tag{1.2-1}$$

式中：u_m 为距离水舌入射点 x 断面处射流中心线上的流速，m/s；k 为扩散系数，无量纲，取值范围为2.28～2.52；u_0 为入水流速，m/s；d_0 为入水宽度，m。

式（1.2-1）的适用范围为 $x/d_0<50$。

对于较浅的水垫，式（1.2-1）计算结果误差较大，这主要是因为水垫深度较浅时，属于小高度冲击射流，它到达固壁前，核心流速尚未衰减。

1.2.1.2　壁面动水压强

在研究壁面上的动水压强时，一般分为时均动水压强和脉动压强两部分来考虑。

（1）时均动水压强。冲击区内边壁的时均动水压强最大，远远高于下游水位对底板的水压力。在壁面射流区水流向上翻滚，时均动水压强最小，小于下游水位对底板的水压力。在边壁上时均动水压强由最大点（冲击滞点）向上下游两侧迅速下降，压力梯度很大。随着下游水位的增加，时均动水压强最大值向两侧降落的梯度减小。前人的理论与试验研究认为，时均动水压强的大小与水舌入水宽度、水垫深度、上下游水位差、水舌入水角和下泄流量等因素有关。

崔广涛等（1985）提出了冲击区时均动水压强的大小及分布计算公式：

$$\overline{p_{max}}=\rho u_m^2(\sin\beta)^2/2g \tag{1.2-2}$$

$$\overline{p}=\overline{p_{max}}e^{-12.56(y/x_0)^2} \tag{1.2-3}$$

式中：y 为边壁上压强计算点到压强最大点的横向距离，m；u_m 为假想流速，即在水舌冲击塘底时，临近滞点的最大流速，m/s；$\overline{p_{\max}}$ 为滞点处最大时均动水压强，Pa；x_0 为水舌入水点到滞点的距离，m；ρ 为水的密度，kg/m^3；β 为水舌入水角，(°)；g 为重力加速度，m/s^2。

练继建（1987）通过试验研究得出冲击区边壁最小时均动水压强、最大时均动水压强的关系式为

$$\frac{(\gamma h-\overline{p_{\min}})}{\frac{1}{2}\rho u_0^2}=0.625\left(\frac{h}{d_0}\right)^{-0.82} \tag{1.2-4}$$

$$\frac{(\overline{p_{\max}}-\overline{p_{\min}})}{\frac{1}{2}\rho u_0^2}=0.949\mathrm{e}^{-0.00131}\left(\frac{h}{d_0}\right)^2(\sin\beta)^2 \tag{1.2-5}$$

式中：$\overline{p_{\max}}$ 为最大时均动水压强（滞点压力），Pa；$\overline{p_{\min}}$ 为最小时均动水压强，Pa，h 为下游水垫深度，m；γ 为水的容重，kg/m^3；d_0 为入水宽度，m；其他符号意义同前。

许多鸣等（1983）通过研究得出任一点处的时均动水压强、最小时均动水压强、滞点时均动水压强的关系式为

$$\frac{\overline{p}-\overline{p_{\min}}}{\overline{p_s}-\overline{p_{\min}}}=\exp\left[-0.693\left(\frac{x}{b_0}\right)^2\right] \tag{1.2-6}$$

$$1-\frac{\overline{p_{\min}}}{rh}=5.44\left(\frac{d_0}{h}\right)^2 \tag{1.2-7}$$

$$\frac{\overline{p_s}-\overline{p_{\min}}}{\frac{1}{2}\rho u_0^2}=0.475\exp\left[-0.088\left(\frac{h}{d_0}\right)^2\right] \tag{1.2-8}$$

式中：$\overline{p}$ 为任一点处的时均动水压强，Pa；$\overline{p_{\min}}$ 为最小时均动水压强，Pa；$\overline{p_s}$ 为滞点时均动水压强，Pa；其他符号意义同前。

式（1.2-7）的适用范围是 $d_0/h<0.3$；当 d_0/h 足够小时，$\overline{p_{\min}}=rh$。

在气体中，斜冲击射流公式为（Schauer et al.，1963）

$$\frac{\overline{p_s}}{\frac{1}{2}\rho u_0^2}=8\sin\beta\left(\frac{d_0}{h}\right) \tag{1.2-9}$$

式中：符号意义同前。

$\overline{p_s}$ 与 $\frac{d_0}{h}$ 为线性关系。

黄种为等（1992）提出水舌作用于底板或河床上的最大动水压强的垂直分力为

$$\sqrt{\frac{\Delta p_{\max}}{\gamma h}}=C_0\,\frac{q^{0.5}H^{0.25}}{(2g)^{0.25}h} \tag{1.2-10}$$

其中
$$C_0=n^{0.5}\varphi^{0.5}C_w(\sin\beta)^{1.5}$$
$$n=\frac{q_\lambda}{q}$$

式中：Δp_{max} 为最大动水压强，Pa；q 为坝顶单宽流量，m^2/s；H 为上下游水位差，m；φ 为流速系数，无量纲；C_0 为由试验确定的系数，无量纲；n 为水舌入水处单宽流量 q_λ 与坝顶单宽流量 q 之比，无量纲；C_w 为扩散系数，无量纲；β 为水舌入水角，(°)；其他符号意义同前。

（2）脉动压强。对于冲击区底壁面上的脉动压强，由崔广涛（1986）的试验资料可知，跌落水舌对河床底部的动水压强，无论是时均动水压强还是脉动压强都可能达到相当大的数值，大单宽流量下的水射流完全可能达到全水头的量级。由于冲击区水股发生极不稳定的摆动和强烈的紊动作用，使脉动压强发生强烈的脉动，同时最大脉动压强差 A_{max}（$A_{max}=p'_{max}-p'_{min}$）竟可达到上下游水位差的 40%～50%。但随下游水垫深度 h 的增大，A_{max} 与 $\Delta\overline{p}_{max}$（最大时均压强差）相似，均急剧衰减，并且脉动压强的分布沿底壁面趋向均化。脉动压强的试验资料表明，水垫塘中的水流脉动属于低频脉动，频率主要集中于 0～15Hz；由点脉动压强的资料分析可知，冲击区底壁上的脉动压强基本上符合正态分布，其中偏态系数 $C_S\rightarrow0$，峰态系数 $C_E\rightarrow3.0$。

1.2.1.3　点、面脉动压强转换规律

冲击射流的脉动压强很大，但由于均化作用，对一定面积上的作用荷载来说，平均脉动压强随承压面积增大而衰减，因此存在一个点脉动压强转换为面脉动压强的问题。

高盈孟（1994）通过水垫塘底板多点脉动压强测定及相关系数计算，得出点、面脉动压强折减系数为 0.60～1.00。林继镛等（1988）根据紊流相关理论，结合 15cm×15cm、21.4cm×21.4cm、28.6cm×28.6cm 三种块体点、面脉动压强试验成果，推导出点、面转换关系表达式，在试验范围内，转换系数为 0.20～0.70。

关于脉动压强频谱的点、面转换问题，练继建（1987）利用相关原理和泰勒冻结假设，推导出了二元射流下点、面脉动压强频谱转换关系，随着承压面积增加，面脉动压强频谱范围向低频方向移动。

1.2.1.4　脉动压强沿缝隙传播规律

由于缝隙中脉动压力变化剧烈，可认为在缝隙中脉动压力是以波的形式传播，而不是靠缝内水体的运动来传递。因此 Fiorotto 等（1992a）在研究消力池混凝土底板块上的脉动上举力时，首先引入了瞬变流模型，把缝隙内水体视为脉动压力传播介质。赵耀南等（1988）引入水体振荡模型，研究了脉动压强沿缝隙的传播规律，结果表明脉动压力作用于岩缝两端，使缝隙内的水体运动类似于（在管道内或平行平板之间）不可压缩水体的振荡运动，并给出了缝隙内一维运动方程，这种模型没有考虑脉动压力波的传播特征，还有待进一步研究。刘沛清（1994）在分析岩块失稳机理时，以瞬变流理论为基础，对缝隙内的脉动压强进行了理论分析和数值计算，结果表明岩块底部脉动压强的变化是相当剧烈的，与入口端脉动压力波的关系不仅仅是个相位差的问题；在连通的情况下，岩块底部脉动压力的最大值接近于入口端脉动压力波的一个振幅。姜文超等（1983）对射流作用下缝隙内脉动压强进行了试验研究。以上这些研究成果表明：缝隙内脉动压强由缝口处脉动压强传播所致，缝隙内脉动压强基本同相位，脉动压强幅值接近缝口处脉动压强幅值。

1.2.1.5　平底板稳定计算模式

挑跌流射入水垫塘中，冲击区底板上产生时均动水压强及脉动压强。在底板存在缝隙的条件下，动水压强沿缝隙传播至底板底部。若底板上、下表面的合力向上，则称为上举力。当上举力超过板块自重及其他抗力时，底板浮升失稳。林继镛等（1985）引入静力稳定模型，分析了平底板稳定问题，研究结果表明底板垂直上举力大于其垂直抗力时，底板失稳破坏。崔莉等（1992）通过量测护坦板失稳前的动力加速度值，提出了动力失稳控制准则。刘沛清（1994）用随机振动理论分析了板块失稳前的振动，推导出了以板块出穴为控制条件的临界稳定计算公式。

1.2.1.6　底板上动水压强的控制标准

跌落水舌对河床基岩的冲刷，主要是高速水流进入岩石缝隙后在其底部产生较大动水压力而表面压力较小，因而产生上举力，导致岩层上浮破坏。因此，对动水压强值及分布系数（最大动水压强与其作用距离的比值）提出一个限值。对水垫塘底板稳定问题，也参考这个特征值。日本的凌北等6个拱坝溢流工程，时均动水压强均在300kPa以下，分布系数在1以下，这些工程都安全运行。我国在“七五”期间设计二滩工程水垫塘底板时，采用时均动水压强标准为150kPa。“八五”期间设计的小湾、构皮滩等水电工程，其水垫塘底板动水压强均控制在150kPa以下，甚至达到100kPa。

综上所述，射流冲击下水垫塘底板稳定性的研究工作，包括射流特性、动水压强特性、脉动压强沿缝隙传播规律、稳定控制准则等诸方面都取得了一定的成果，对指导水垫塘底板设计工作起到了良好的作用。但对板块失稳的研究，都是基于板块间止水破坏、板块与基岩间缝隙存在这一前提，对失稳前板块分缝处止水材料及板块与基岩胶结在动水压力作用下缝隙的形成及发展过程问题还未涉及，而它可能成为稳定控制条件。研究的底板形式主要是平底板，这种结构需要增加自身重量来控制其浮升稳定。在实际工程中为改善底板稳定性，大多采取一些工程措施，如做好底板间止水设计与施工、增加底板与基础的锚固、设置抽排措施等。但最根本的还是尽可能地降低水垫塘底板上的时均动水压强和脉动压强。如采用差动式鼻坎、高低坎碰撞消能措施等，这些措施或能增加空中消能，或能利用分层射流增强紊动消能效应，但也带来雾化和坝体随机振动问题。杨永全（1995）的研究成果表明，掺气射流对底板上的脉动压力有明显影响，能增大脉动压强。高盈孟（1995）的原型观测成果也表明了这一点。这对于200～300m级高坝的影响不可低估。而水垫塘平底板稳定由单块稳定控制，即某一板块瞬时上举力大于抗力，就可能发生浮升破坏，进而引起相邻块体失稳。平底板的整体超载能力较弱。在高坝、大流量枢纽中，坝址所处的河谷狭窄、两岸陡峻，因此，对处于坝肩抗力体附近的水垫塘工程，要求尽可能减小基岩的扰动，而平底板却对基岩的扰动很大。

所以，研究一种水力条件及结构条件俱佳的新水垫塘体型，具有实际意义。

1.2.2 有关反拱形底板稳定的研究成果

反拱形底板是一种薄板壳结构，它首先在工业与民用建筑中得到了广泛的应用。在水电建设方面，1958年，江苏省淮阳地区率先在涵闸中应用反拱形底板。后来，华东地区的水闸、船闸闸首、涵洞、排灌站等建筑物的基础上大量采用反拱形结构。理论研究和原型观测资料表明，在反拱形底板中，荷载由底板传至拱端，通过拱、墩与地基共同作用。底板主要承受压力，弯曲内力较小。与平底板相比，反拱形底板不仅节省材料，而且由于结构的整体性好，减小了地基的不均匀沉降。

由于工程的设计需要，金康宁（1986）、葛孝椿（1993）对反拱形底板提出了一些计算理论和方法。但是这些方法多限于土基，底板承受的是静压。

反拱形底板水垫塘是一种优化的水垫塘消能防冲结构型式，它根据峡谷天然河道的形状，将水垫塘设计成中间低、两岸高的拱形体型，拱形的底部结构能大大地提高护坦承受扬压力的能力。在反拱形底板中，荷载由底板传至拱端，继而传给两岸的岩体。与常规平底板水垫塘相比，反拱形断面由于拱向可传递荷载，加强了水垫塘底板的整体稳定性，底板的稳定性条件由平底板水垫塘的单块受力控制转变为整体受力控制。

在拱坝水垫塘中，格鲁吉亚的英古里拱坝水垫塘最早采用反拱形底板，底板设置于砂砾石地基上，底板厚度4m左右（郑顺炜，1992）。西班牙苏斯盖达双曲拱坝也采用了反拱形底板水垫塘（艾克明，1987）。

20世纪80年代初，郭怀志（1980）结合中型砌石坝工程，对反拱形底板水垫塘进行了研究。通过反拱形底板水垫塘泄洪消能试验、反拱形底板内力及弹性稳定计算分析，认为反拱形底板具有独特的优点。

崔广涛等（2001）以一些大型水电工程为研究对象，通过考察其地形、地质、水力学、结构、施工和运行条件，经论证得出反拱形底板水垫塘最适于作窄河谷大流量高拱坝的泄洪消能工，其优点突出，水弹性模型试验研究证明：反拱形底板抗浮稳定安全系数比平底板大得多，反拱形底板水垫塘是一种安全性选择。彭新民等（2001）研究了反拱形底板的结构型式及整体稳定性，通过试验给出了板块时均上举力和拱端推力的经验公式，并以此估算了拱端推力，进而评价了反拱形底板的整体稳定性。练继建等（2001）在研究反拱形底板整体水动力荷载特征的基础上，针对反拱形底板的结构受力特点，提出了“随机拱”分析模型，对反拱形底板结构的局部和整体稳定性进行了定量分析，从板块极限平衡角度给出了反拱形底板优于平底板的量化指标。

实际上，对于高山峡谷中的拱坝工程，反拱形底板的优越性已成为共识。首先，反拱形底板能适应河道形状，这不仅可以节省开挖及回填工程量，而且可以尽可能地减小对两岸基岩的扰动，有利于两岸山体及拱坝坝肩稳定，这在高应力地区尤为有利。其次，反拱形底板作为拱式结构，摒弃了平底板设计中的重力准则，不是以增加混凝土量或加强锚固去克服不利的荷载组合，而是通过拱结构，将荷载传递到两岸山体，充分发挥了混凝土的抗压能力及拱结构的超载能力，可以减小护坦板厚度，节约材料。另外，拱形水垫塘中间低、两岸高，适应拱坝泄洪时水流向心集中的特点，因而能比较好地适应泄洪消能的要求。

反拱形底板水垫塘以其自身的优点，有可能成为解决高坝大泄量消能防冲难题的有效措施，但是目前，关于这方面的研究无论是在理论论证上还是在试验技术上都还处于起步阶段，需要做进一步的深入研究和探索。

1.3 本书的研究工作

关于水垫塘混凝土衬砌的冲刷破坏机理，目前尚无成熟的研究理论。总体来说，衬砌的冲刷破坏大致可分为以下几个过程：①混凝土衬砌块的断裂解体过程。在高速冲击射流的作用下，混凝土衬砌的软弱部位，如衬砌块之间的伸缩缝、混凝土浇筑块体中质量欠佳的瑕疵部位等，发生冲刷破坏。形成破坏裂隙后，脉动压强沿缝隙传播，使裂隙面不断扩大，衬砌块成为孤立块体，动水压力通过块体之间的缝隙传遍块体周围。这一阶段，引起冲刷破坏的主要作用力是冲击射流的脉动压力。衬砌块的断裂及裂隙面材料的破碎过程是历时较长的疲劳破坏过程。②衬砌块的起动、出穴过程。衬砌块解体后，射流冲击压强传递到块体底面，形成强大的脉动上举力，使块体在座穴内发生振动。开始是微弱振动，进而发展成低频大幅晃动和升浮运动，最终上升出穴。在这一过程中，随着块体的晃动，水流在衬砌块体及其连通块体的缝隙中形成振荡流，流体动量变化所产生的低频作用力由小到大逐渐取代脉动压力波传递的作用力，导致衬砌块因浮升失稳而出穴。③衬砌块搬运、冲坑扩大过程。衬砌块脱离座穴后，受水垫塘底部强大主流的推动而被搬运到下游，并在搬运过程中继续破坏。局部衬砌块被冲走后，强大的主流潜入冲刷坑底部，加速相邻衬砌块的破坏过程，极易造成迅速且大面积的冲刷破坏。冲刷破坏的过程是错综复杂的。混凝土衬砌和基岩都有软弱层面，即混凝土衬砌的施工层面、伸缩缝和基岩的节理、裂隙和断层带等。冲刷破坏首先沿软弱层面发展，衬砌（岩块）的断裂解体过程也就是块体之间裂隙的生成发展过程。当裂隙充分发展、完全贯通，并具有相当大的间距时，岩块才能被孤立成一个一个的单体，冲刷破坏才能由第一个过程进入第二个过程——岩块的起动、出穴过程。此后，再进入第三个过程——冲刷碎料的搬运和冲坑的发展扩大过程。由于大尺度的冲刷破坏是由许多个局部的小尺度破坏组成的，因此，上述三个过程又是相互交织在一起，并往往是同时存在的。整个失稳过程的发展既有缓慢的渐变过程，又有急剧的突变过程。

不同冲刷破坏阶段的破坏机理不同，要根据各阶段自然现象的本质特点建立不同的理论和数学模型。一般可以这样认为，第一阶段的主要特征是裂隙的生成和发展，脉动压力是引起破坏的主要作用力，可以应用瞬变流理论处理；第二阶段的主要特征是块体在座穴内晃动，可以应用振荡流理论建立数学模型；块体出穴是块体晃动过程末尾的一个突变阶段，传统的块体平衡失稳设计方法是对最后阶段破坏过程力学平衡条件的描述。本书主要在以下方面进行了研究：

（1）引用冲击射流的研究成果，详细地分析了在水垫塘内淹没斜向冲击射流的扩散规律和各射流子区域内主要物理量的变化特征。

（2）列出了用瞬变流模型研究缝隙内脉动压力的方程式。

（3）分析了平底板的稳定破坏机理，接着对失稳形式和破坏形态进行了分析，引用随机振动理论分析了平底板的起动过程。结合 NZD 工程，进行了详细的试验研究，并分析了 NZD 工程水垫塘平底板的稳定性。

（4）结合 XLD 工程，研究了反拱形底板等效荷载与水力条件的关系，并推导出了一个经验公式。在理论上分析了反拱形底板的稳定问题，包括局部稳定分析、整体稳定分析和弹性稳定分析。

（5）进行了水垫塘结构数字化模型的初步设想。根据理论流程框图，分析了问题的实质，建立了模拟过程中的数学模型。

第2章

冲击射流在水垫塘内的水力特性

2.1 概述

由于挑射水流对水垫塘衬砌块的冲刷能力实质上取决于射流落入下游水垫后的基本特征，因而探明射流在水垫塘内的扩散规律，对解决水垫塘衬砌块的稳定问题具有重要意义。本章引用前人关于冲击射流的主要研究成果，结合水垫塘内射流的特征，分析和阐述了射流在各子区域内的基本规律，并在此基础上初步探讨了在冲击区和壁面射流区的动水压强等问题。

2.2 自由冲击射流

当射流冲击于无下游水垫的平底板上时，称为自由冲击射流，如图2.2-1所示。根据前人对自由冲击射流的主要研究成果，可将其分成3个不同性质的子区域。其中，Ⅰ区为自由射流区，流动特征完全类似于自由射流；Ⅱ区为壁面冲击区，主流受到壁面的折冲，流线弯曲主流转向，流速迅速减小，压强急剧增大，由自由射流向壁面射流过渡；Ⅲ区为壁面射流区，主流贴壁射出，流动特征完全类似于壁面射流。

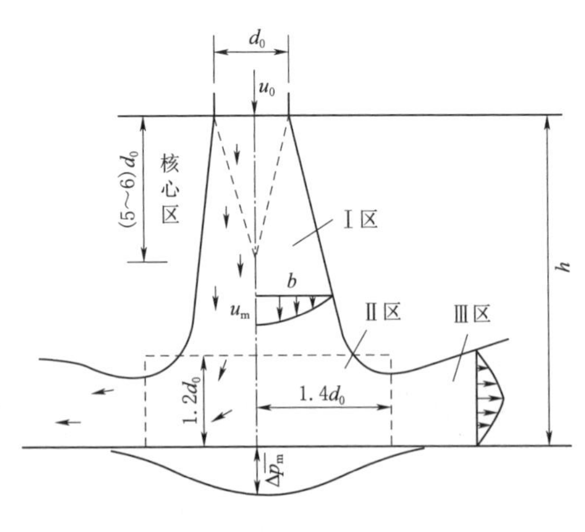

图2.2-1　自由冲击射流示意图

此外，对于不同的冲击高度h，流动特征也不同。当$h>8.3d_0$时，称为大冲击高度射流，此时进入冲击区的射流已充分发展，其分析可用一般的自由紊动射流分析方法进行；当 $h<5.5d_0$ 时，称为小冲击高度射流，整个射流区均位于核心区，流动特征与大冲击高度的情形相差较大。

前人对自由冲击射流（正向和斜向）进行了较多的试验研究和理论分析。例如，Poreh 等（1959）、Bradshaw 等（1961）以及 Tani 等（1964）主要给出了Ⅰ区和Ⅲ区的研究成果，对Ⅱ区也进行了一些初步探讨；Tani 等（1964）给出了Ⅱ区运动方程的理论解，但假定流动是无黏性有漩涡运动，并在解中包含了需要由给定条件确定的 4 个自由常数；Bradshaw 等（1961）给出了冲击区时均压强和壁面切应力的试验资料；随后，Beltaos 等（1973）、Looney 等（1984）等对冲击射流进行了更系统的研究，获得了许多重要成果。

2.3　淹没冲击射流

当射流冲击于有水垫的平底板上时，称为淹没冲击射流。水流经挑（跌）坎落入水垫塘内的射流流态属于淹没冲击射流。研究表明，水垫塘中的射流存在三个性质不同的区域（见图 1.2-1）。

Ⅰ区：自由射流区，该区域流动性质与自由射流相近，射流扩散边界呈直线，扩散角比空气中大，由于卷吸作用，在射流两侧各形成一个漩滚区，对于斜射流，两侧漩滚区不对称。

Ⅱ区：壁面冲击区，在该区射流受底板阻挡而流线弯曲，流速降低，在底板上产生相当大的滞点压强和压强梯度，水流紊动剧烈，壁面上的压强脉动也相当大。

Ⅲ区：壁面射流区，该区主流贴壁射出，其流动与壁面射流相近，随下游水深的增加，漩滚逐渐淹没冲击区。

以下依据紊动射流的基本理论和前人对冲击射流的主要研究成果，分别对各区的主要特征进行讨论。

2.4　淹没冲击射流的扩散规律

对于二维射流，设射流的入水角度为 β、入水流速为 u_0、入水宽度为 d_0、下游水垫深度为 h。如同自由冲击射流一样，可认为 $h>8.3d_0$ 时为大冲击高度射流，而 $h<5.5d_0$ 时为小冲击高度射流，在二者之间为过渡区。给出这样的划分主要在于自由射流区（Ⅰ）的速度分布规律不同，如图 2.4-1 所示。

2.4.1 自由射流区和壁面冲击区的扩散规律

2.4.1.1 大冲击高度的情况

如图 2.4－1（a）所示，把射流轴取为 x 轴，在距入水断面 x 处，射流的半宽度为 b，射流中心轴处的最大流速为 u_m。

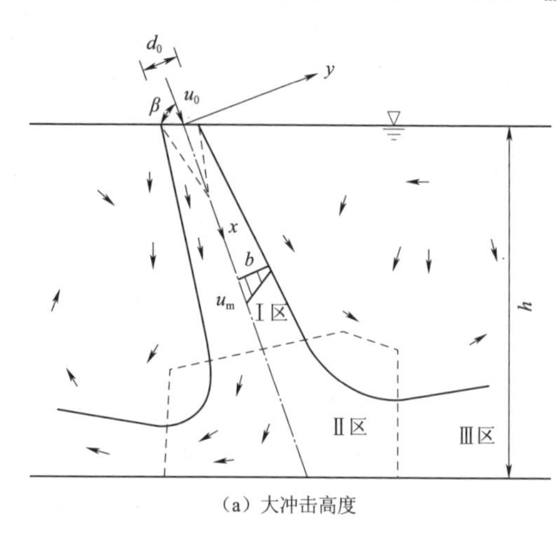

（a）大冲击高度

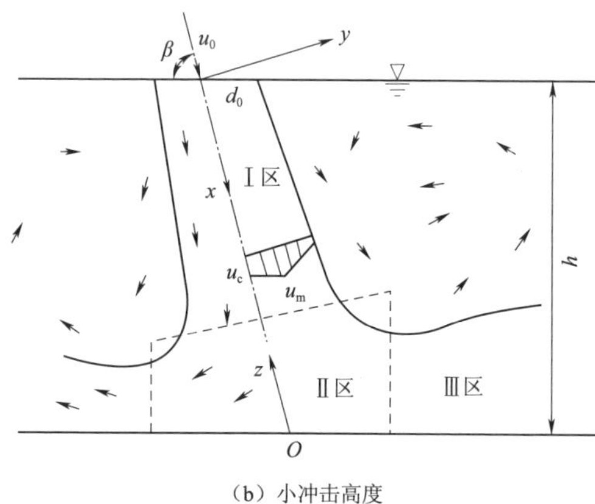

（b）小冲击高度

图 2.4－1　不同冲击高度的淹没冲击射流

根据紊动射流理论（Schlichting，1979；赵学端等，1983），射流在充分发展区，横向扩散宽度 b 随时间的变化率与横向紊动强度成正比，即

$$\frac{db}{dt} \sim \sqrt{\overline{v'^2}} \approx L_m \frac{\partial u}{\partial y} \tag{2.4-1}$$

式中：u 为射流的纵向速度分量，m/s；v' 为横向脉动速度分量，m/s；L_m 为混合长度，m。

在充分发展区，取 $L_m = \alpha_1 b$（Hinze，1975），α_1 为比例系数。

又由于 $b=b(x)$，故有

$$\frac{db}{dt} = u\frac{db}{dx} \sim u_m \frac{db}{dx} \tag{2.4-2}$$

以及

$$L_m \frac{\partial u}{\partial y} \sim \frac{L_m}{b} u_m = \alpha_1 u_m \tag{2.4-3}$$

把式（2.4－2）和式（2.4－3）代入式（2.4－1）中，可得

$$\frac{db}{dx} = C_1 \tag{2.4-4}$$

式中：C_1 为比例常数。

对式（2.4－4）进行积分，得

$$b = C_1 x + C_2 \tag{2.4-5}$$

式中：C_2 为积分常数。

由速度分布的相似性条件，可令

$$\frac{u}{u_m}=f(\eta) \tag{2.4-6}$$

其中，$\eta=y/b$。另外，由于有限水深的限制，正如郭子中（1982）指出的那样，与射流正交的各断面流量不可能沿程增加，只能保持常数。则由质量守恒定理，可得

$$2\int_0^b u\,\mathrm{d}y=2bu_m\int_0^l f(\eta)\,\mathrm{d}\eta=\mathrm{Const} \tag{2.4-7}$$

分析式（2.4-7），因其右边积分项为常数，故有

$$bu_m=C_3 \tag{2.4-8}$$

其中，C_3 为常数。由式（2.4-5）和式（2.4-8）可见，在大冲击高度（相当于深尾水）情况下，有

$$b\sim x;u_m\sim\frac{1}{x} \tag{2.4-9}$$

从其他的参考文献看，这个关系已经得到试验的证实。如余常昭（1963）对跌落射流在水垫中的扩散试验表明，跌落射流在水垫中的扩散与自由紊动射流相似，仍符合直线扩散规律，Hartung 等（1973）也得到了同样的结论。余常昭（1963，1992）对纯水垂直射流的试验结果如下：

在充分发展区：

$$\frac{2b}{d_0}=0.352+0.86\frac{2\alpha x}{d_0} \tag{2.4-10}$$

在初始段：

$$\frac{2b}{d_0}=1.0+0.222\frac{2\alpha x}{d_0} \tag{2.4-11}$$

式中：紊动扩散系数 $\alpha=0.067$。

对于 u_m，余常昭的试验结果为

$$\frac{u_0}{u_m}=0.35+0.165\frac{x}{d_0} \tag{2.4-12}$$

2.4.1.2 小冲击高度的情况

如图 2.4-1（b）所示，因为冲击高度小（相当于浅尾水的情况），射流在核心区结束之前就已进入射流冲击区，故在紊动剪切层以外的轴心区域始终位于核心区。此外，因受壁面的折冲，在靠近壁面底部，中心轴处的速度大小关系为 $u_c<u_m<u_0$（Beltaos et al.，1974）。根据 Beltaos 等（1973，1974，1977）的试验结果，射流在Ⅰ区内，扩散宽度 b 仍正比于 $x(b\sim x)$；在冲击区，时均速度分量 u 和 v（y 方向的速度分量）之积在轴心区域几乎不随 x 变

化，其中冲击区的范围为离壁面 $1.2d_0$ 和离轴向 $1.4d_0$ 区域内，即

$$uv\mid_{y<y_c}=f(y) \tag{2.4-13}$$

对式（2.4－13）沿 y 方向微分一次，并令 $y\to0$，有

$$\frac{\partial uv}{\partial y}\mid_{y\to0}=f'(0)=\alpha_1 \tag{2.4-14}$$

式中：α_1 为比例系数。

再由连续方程可得

$$u\frac{\partial u}{\partial x}+u\frac{\partial v}{\partial y}+v\frac{\partial u}{\partial y}-v\frac{\partial v}{\partial y}=0 \tag{2.4-15}$$

合并式（2.4－15）左边第二项和第三项，并令 $y\to0$，有

$$\frac{\partial}{\partial x}\left(\frac{u^2}{2}\right)\mid_{y\to0}+\frac{\partial uv}{\partial y}\mid_{y\to0}-v\frac{\partial u}{\partial y}\mid_{y\to0}=0 \tag{2.4-16}$$

把式（2.4－14）代入式（2.4－16），并考虑到 $u\mid_{y\to0}=u_c(x)$，则可得

$$\frac{\mathrm{d}}{\mathrm{d}x}\left(\frac{u_c^2}{2}\right)=-\alpha_1 \tag{2.4-17}$$

积分式（2.4－17），得到的一般形式为

$$\frac{u_c}{u_0}=k_1\sqrt{\frac{z}{d_0}+k_2} \tag{2.4-18}$$

式中：k_1 和 k_2 为常数；z 为由壁面起算的轴向坐标。

Beltaos 等（1977）的试验资料表明，式（2.4－18）适用于 $0.14<z/d_0\leqslant0.8$ 的区域。当 $z/d_0>0.8$ 以后，存在一条光滑地过渡到 $\frac{u_c}{u_0}=1.0$ 的曲线；对于 $z/d_0\leqslant0.14$ 的区域，由于主流受到壁面的折冲，流速急剧减小，流动特征已变成绕驻点型的流动，此时 $u_c\sim z$，这也适用于大冲击高度的冲击区。

Beltaos 等（1977）给出的一个试验方程为

$$\frac{u_c}{u_0}=1.0\sqrt{\frac{z}{d_0}} \tag{2.4-19}$$

对于 u_m，Beltaos 等（1977）给出的公式为

$$u_m\approx1.15u_c\approx1.15u_0\sqrt{\frac{z}{d_0}} \tag{2.4-20}$$

当 $z/d_0=0.14$ 时，射流临界底部的 $u_m\approx0.43u_0$。但对水垫中的射流，由于主流存在一定程度的淹没，在临界底部的 u_m 应随 L（$L=h/\sin\beta$）的增大而减小，故研究临界底部流速时，可令 $\frac{z}{d_0}=\alpha_2\left(\frac{L}{d_0}\right)^{-1}$，代入式（2.4－20），得到临界底部最大流速 u_m 的表达式为

$$\frac{u_m}{u_0}=\alpha_3\left(\frac{L}{d_0}\right)^{-0.5} \tag{2.4-21}$$

式中：α_3 为系数。

式（2.4-21）已得到试验资料的证实。如余常昭（1963，1992）的试验结果（临界底部平均流速）为

$$\frac{\overline{u}}{u_0}=\left(\frac{L}{d_0}\right)^{-0.53} \tag{2.4-22}$$

柴华（1990）针对挑射流的情况，给出的试验方程为

$$\frac{u_m}{u_0}=1.75\left(\frac{L}{d_0}\right)^{-0.5} \tag{2.4-23}$$

事实上，式（2.4-21）不仅适应于临界底部的情况，如把 L 换成 x，它也适应于小冲击高度的其他位置。例如，崔广涛等（1985）建议的 u_m 公式为

$$\frac{u_m}{u_0}=\frac{k_v}{\sqrt{x/d_0}} \tag{2.4-24}$$

其中，扩散系数 $k_v=2.28$。

总结以上分析，在自由射流区，b 和 u_m 与 x 的关系为

$$b\sim x^m \tag{2.4-25}$$

$$u_m\sim x^{-n} \tag{2.4-26}$$

对于大冲击高度射流（深水垫），其 $h>8.3d_0\sin\beta$，指数 $m=n=1.0$；对于小冲击高度射流（浅水垫），其 $h<5.5d_0\sin\beta$，指数 $m=1.0$、$n=0.5$；在二者之间为过渡区，指数 $m=1.0$、$n=0.5\sim1.0$，实际计算时可采用线性内插法。

在壁面冲击区，流动特征类似于绕驻点型流动。

2.4.2 壁面射流区的扩散规律

进入壁面射流区，主流贴壁射出，流动特征类似于经典壁面射流。如图 2.4-2 所示，在充分发展的流动区域，沿 y 方向可分成内层区（边界层区）和外层区。在内层区，时均速度 u 从壁面处的 0 迅速增加到最大值 u_m，相对于壁面的高度 $y=\delta$，在该区内速度分布符合幂次律，但指数不是 1/7，而是 1/14（Rajaratnam et al.，1976）。在外层区，速度 u 的变化由最大值 u_m 逐渐减小到 0，超

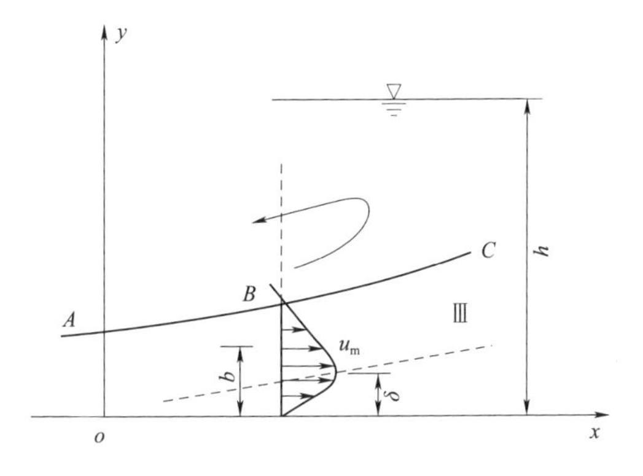

图 2.4-2 壁面射流区示意图

过 0 后，由于顶部旋滚区的存在，u 出现负值，在 ABC 线（零速度线）和最大速度之间的区域内，流动具有自由射流的特征，如以 u_{m} 和 b（$u=\frac{u_{\mathrm{m}}}{2}$时所对应的 y 值）作为特征尺度，则速度分布是相似的（Rajaratnam，1965a，1965b）。

根据壁面射流的特点，其运动方程为

$$u\frac{\partial u}{\partial x}+v\frac{\partial u}{\partial y}=-\frac{1}{\rho}\frac{\partial \overline{p}}{\partial x}+\upsilon\frac{\partial^2 u}{\partial y^2}+\frac{1}{\rho}\frac{\partial \tau_i}{\partial y} \tag{2.4-27}$$

$$\frac{\partial u}{\partial x}+\frac{\partial v}{\partial y}=0 \tag{2.4-28}$$

其中

$$\tau_i=-\rho\overline{u'v'}$$

式中：u 和 v 为速度分量，m/s；$\overline{p}$ 为时均压强，Pa；υ 为水的运动黏性系数，$\mathrm{m^2/s}$；τ_i 为紊动切应力项，N。

由于在壁面射流区，压力梯度项可略去不计，并利用外层区的相似性条件，可假设

$$\frac{u}{u_{\mathrm{m}}}=f(\eta)；\ \frac{\tau_i}{\rho u_{\mathrm{m}}^2}=g(\eta) \tag{2.4-29}$$

式中：$\eta=y/b$。

刘沛清（1994）经过推导分析得出结论，对于平面壁面射流区有

$$b\sim x；\ u_{\mathrm{m}}\sim\frac{1}{\sqrt{x}}；\ \tau_0=\frac{1}{x} \tag{2.4-30}$$

式（2.4-30）的分析结果，对于平面自由壁面射流已得到相关文献（Rajaratnam et al.，1965a，1965b，1976）的证实。对于水垫塘冲坑内的壁面射流，实际上类似于淹没壁面射流（三维）。相关文献（Rajaratnam et al.，1965a，1965b）的研究结果表明，一般 b 与 x 成正比（$b\sim x$），而 u_{m} 和 τ_0 与淹没深度有关，在浅尾水的情况下，u_{m} 和 τ_0 与式（2.4-30）相符；在深尾水的情况下，u_{m} 与 x 成反比（$u_{\mathrm{m}}\sim\frac{1}{x}$），$\tau_0$ 与 x^2 成反比（$\tau_0\sim\frac{1}{x^2}$）。

2.5 冲击区底壁面上的压强特征

由 2.4 节可知，在冲击区速度迅速减小同时压力急剧增大，射流对底壁产生巨大的冲击压力，这对研究水垫塘底板块间裂隙的形成、底板块的稳定具有重要的意义。以下分别对时均压强和脉动压强进行探讨。

2.5.1 冲击区的时均压强

设冲击区滞点处的最大时均压强为$\overline{p_{\mathrm{s}}}$，底壁面上的最小时均压强为$\overline{p_{\min}}$，

最大时均压强差为 $\Delta\overline{p_m}=\overline{p_s}-\overline{p_{min}}$。由试验可知，$\Delta\overline{p_m}$ 一般是多个变量的函数，即

$$\Delta\overline{p_m}=f(u_0,d_0,h,\rho) \tag{2.5-1}$$

由量纲分析可得

$$\frac{\Delta\overline{p_m}}{0.5\rho u_0^2}=f_1\left(\frac{h}{d_0}\right) \tag{2.5-2}$$

Beltaos 等（1974）对自由正向冲击射流的试验结果为

$$\frac{\Delta\overline{p_m}}{0.5\rho u_0^2}=50\left(\frac{h}{d_0}\right)^{-2} \tag{2.5-3}$$

对于淹没冲击射流，许多鸣等（1983）在入水角 β 为 40°～50°时给出的计算公式为

$$\frac{\Delta\overline{p_m}}{0.5\rho u_0^2}=0.475\exp\left[-0.088\left(\frac{h}{d_0}\right)^2\right] \tag{2.5-4}$$

崔广涛（1990）在 $\beta=60°\sim65°$情况下，试验结果为

$$\frac{\Delta\overline{p_m}}{0.5\rho u_0^2}=0.74\exp\left[-0.0013\left(\frac{h}{d_0}\right)^2\right] \tag{2.5-5}$$

由式（2.5-3）～式（2.5-5）可见，入水角 β 对 $\Delta\overline{p_m}$ 的影响是不能忽视的。实际上，β 不但影响 $\Delta\overline{p_m}$ 的大小，而且也影响到底壁面上的时均压强分布，对于底壁上的时均压强分布，刘沛清（1994）给出的公式为

$$\Delta\overline{p}=\Delta\overline{p_m}\exp(-a^2\eta_x^2) \tag{2.5-6}$$

式中：a 为系数；$\eta_x=\dfrac{x}{b_p}$；x 为到滞点处的距离，m；b_p 为时均压强的特征长度，m。

2.5.2 冲击区的脉动压强

崔广涛（1986）通过分析试验资料，给出了 A_{max} 的推荐公式：

$$A_{max}=(3\sim4)\sigma_p \tag{2.5-7}$$

其中，$\sigma_p=\sqrt{\overline{p'^2_{max}}}$，为脉动压强的最大均方根值；一般认为 σ_p 可按 $\Delta\overline{p_m}$ 同样的方法处理，即

$$\sigma_p=f(u_0,d_0,h,\rho) \tag{2.5-8}$$

经量纲分析后，可写成

$$\frac{\sigma_p}{0.5\rho u_0^2}=f\left(\frac{h}{d_0}\right) \tag{2.5-9}$$

许多鸣等（1983）在 $\beta=40°\sim50°$时给出的结果为

$$\frac{\sigma_p}{0.5\rho u_0^2}=0.26\exp\left[-0.033\left(\frac{h}{d_0}\right)^2\right] \tag{2.5-10}$$

崔广涛（1990）在$\beta=60°\sim65°$时给出的结果为

$$\frac{\sigma_p}{0.5\rho u_0^2}=0.396\exp\left[-0.0265\left(\frac{h}{d_0}\right)^2\right] \tag{2.5-11}$$

由式（2.5-10）和式（2.5-11）可见，β对σ_p的影响也是显然的。因垂直于底壁的速度分量为$u_0\sin\beta$，刘沛清（1994）通过整理得出

$$\frac{\sigma_p}{0.5\rho u_0^2}=[0.48(\sin\beta)^2+0.025]\exp\left[-0.03\left(\frac{h}{d_0}\right)^2\right] \tag{2.5-12}$$

其中，$d_0=\frac{q}{u_0}$用q（入水单宽流量）代替。

A_{max}受多个因素的影响，故有

$$A_{max}=f(u_0,\rho,h,q,g) \tag{2.5-13}$$

刘沛清（1994）用量纲分析法，把$u_0=\varphi\sqrt{2gH}$引入式（2.5-13）中，有

$$\frac{A_{max}}{\gamma}=\varphi^2 Hf\left(\frac{q^2}{gh^3}\right) \tag{2.5-14}$$

式中：φ为流速系数，无量纲；H为上下游水位差，m；g为重力加速度，m/s^2；γ为水的容重，9.8kN/m^3。

崔广涛等（1982）给出的经验公式为

$$\frac{A_{max}}{\gamma}=K_p\varphi^2 H\frac{q^2}{gh^3} \tag{2.5-15}$$

其中，系数$K_p=12.0$。刘沛清（1994）经过比较认为，冬俊瑞等（1991）的试验值（$\beta\leqslant40°$）和许多鸣等（1983）的试验值（$\beta=40°\sim50°$）因受β的影响，故他们的试验值低于崔广涛等（1982）的资料。应当指出的是，式（2.5-15）对于$h>(5\sim6)d_0$的情况符合较好，对于浅水垫的情况偏离较大。

第3章

缝隙内脉动压力初步探讨

3.1 概述

一般认为，高坝下游挑跌水流在基岩缝隙中引起的脉动压力及其传播是造成基岩断裂解体和破坏的重要因素。当高速射流作用于岩石河床上时，强烈的脉动水流在基岩缝隙内形成较大的脉动压力并沿缝隙传播，致使基岩沿缝隙和节理面发生水力断裂，逐渐形成错综复杂的裂隙网，最终断裂解体，形成大小不等的岩块。水垫塘内混凝土衬砌的破坏，也首先要使衬砌断裂解体，其力学机制是相同的。

脉动压力是裂隙生成和发展的主要作用力。在尚未贯通的缝隙中，水流压强的传播特性近似于静水压强传播的帕斯卡定律，一边界面上产生的压强等量地传遍液体内的一切点。脉动压力在缝隙中的传播类似于水电站水击压力在有压管道中的传播。瞬变流压力是以压力波的形式传播和反射的，压力的往复传播一般不伴随水流动量的往复传递。

冲刷破坏的瞬变流理论最早于1962年提出（Bowers et al.，1988）。1961年孟加拉国的Karnafuli溢洪道在建成首次运行时就遭到严重的冲刷破坏。该工程由土坝、溢洪道等组成，坝高41.2m，溢洪道宽达227m。1961年，其首次泄洪时，最大流量仅为设计流量的1/5，单宽流量约为15m^3/(m·s)，水头不足30m，但却使陡槽溢洪道末端长23m、宽180m的混凝土衬砌块全部被冲垮。1962年，美国圣安东尼瀑布水力实验室受委托研究其冲刷破坏原因及修复措施。研究认为导致溢洪道冲刷破坏的主要作用力是消力池中的水跃所产生的强大的脉动压力。该溢洪道的下面布设了排水管网，排水出口位于消力池内。消力池内强大的脉动压力以瞬变流压力波的形式通过开口于消力池的排水沟向上游传递，作用于溢洪道坡面上的混凝土衬砌块的下表面，实测最大脉动压力变幅达4.9m水柱。该处高程高于消力池水位，通过排水廊道从消力池传来的作用于衬砌块下表面的动水压力远大于溢洪道明流作用于衬砌块上表面的动水压力，因而把衬砌块掀翻了。第一块衬砌块被掀翻后，下面的衬砌块在高速水流的作用下，很快被全部破坏。

这一研究成果后来被相关研究证实，1988 年 Bowers 等（1988）的论文发表。Fiorotto 等（1992a）详细地研究了底流水跃消力池中的脉动上举力及衬砌设计方法。刘沛清（1994）应用瞬变流理论研究了压力波的传播特性，预测了水垫塘底板的最大瞬时上举力，取得了一些进展。

3.2 瞬变流理论与缝隙内脉动压力

由于缝隙中脉动压力变化剧烈，所以认为在缝隙中脉动压力是以波的形式传播，而不是以缝隙内水体的运动速度来传递。Fiorotto 等（1992a）在研究消力池底板块上的脉动上举力时，提出瞬变流理论。

瞬变流压力波在缝隙中传播的计算简图如图 3.2-1 所示。设底板块底面的缝隙宽度为 δ、块体长度为 L、缝隙入口端脉动压强为 P_1、缝隙出口端脉动压强为 P_2、缝隙内水流速度为 V、缝隙中的压力水头为 h、压力波的传播速度为 C，根据瞬变流理论可得一维瞬变流方程为（Fiorotto et al.，1992b）：

$$\frac{\partial V}{\partial t}+V\frac{\partial V}{\partial x}+g\frac{\partial h}{\partial x}+R(V)V=0 \tag{3.2-1}$$

$$\frac{\partial h}{\partial t}+V\frac{\partial h}{\partial x}+\frac{C^2}{g}\frac{\partial V}{\partial x}=0 \tag{3.2-2}$$

式中：g 为重力加速度，m/s^2；$R(V)V$ 为沿程阻力，Pa。

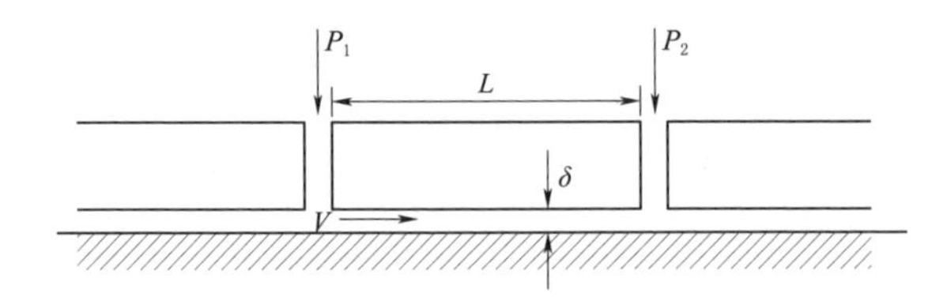

图 3.2-1 瞬变流压力波在缝隙中传播的计算简图

在式（3.2-1）和式（3.2-2）中，考虑到压力波的瞬变特性（刘沛清，1994），待求变量 $h(x, t)$ 和 $V(x, t)$ 沿 x 轴的变化率远小于沿时间轴的变化率，即$\frac{\partial h}{\partial t}\gg\frac{\partial h}{\partial x}$，$\frac{\partial V}{\partial t}\gg\frac{\partial V}{\partial x}$，并在方程中忽略沿程阻力项，得到如下方程：

$$\frac{\partial h}{\partial x}+\frac{1}{g}\frac{\partial V}{\partial t}=0 \tag{3.2-3}$$

$$\frac{\partial h}{\partial t}+\frac{C^2}{g}\frac{\partial V}{\partial x}=0 \tag{3.2-4}$$

这是一组波动方程，可用特征线法求解。其特征线方程如下：

沿正向特征线 $C+$：

$$\left.\begin{aligned}\frac{\mathrm{d}x}{\mathrm{d}t}=V+C\\ \frac{\mathrm{d}h}{\mathrm{d}t}+\frac{C}{g}\frac{\mathrm{d}V}{\mathrm{d}t}=0\end{aligned}\right\}\qquad(3.2-5)$$

沿负向特征线 $C-$：

$$\left.\begin{aligned}\frac{\mathrm{d}x}{\mathrm{d}t}=V-C\\ \frac{\mathrm{d}h}{\mathrm{d}t}-\frac{C}{g}\frac{\mathrm{d}V}{\mathrm{d}t}=0\end{aligned}\right\}\qquad(3.2-6)$$

特征线方程的定解条件包括初始条件和缝隙两端的边界条件。虽然在缝隙中的压力波传播方程与管道中的水击波方程形式相同，但是由于二者的产生根源不同，因此边界条件和初始条件的确定方法也不相同。

第4章

水垫塘平底板的稳定性分析

4.1 概述

高坝坝身泄洪，在坝后设置二道坝形成水垫塘，将下泄水流的能量集中在水垫塘内消解，是目前工程中普遍采用的消能形式。为了有效消解下泄水流的巨大能量，同时又维持水垫塘底部和边坡岩石的稳定，常常需要对水垫塘进行全面的混凝土衬砌防护，形成衬砌式水垫塘。从水垫塘体型上，将其分为复式梯形断面底板水垫塘（又称平底板水垫塘）和复式反拱形断面底板水垫塘（又称反拱形底板水垫塘）。衬砌后的水垫塘依靠一定厚度的混凝土底板块与基岩锚固在一起来抵抗泄洪水流产生的巨大的动水压力作用。要全面地评价水垫塘衬砌防护结构的安全性需要从水流、结构等多方面的因素来综合研究。水流条件围绕底板的稳定性，开展挑跌水流落入水垫塘后在底板块周边产生的动水压强及其规律研究，主要研究水垫塘的体型、受力以及与基岩共同作用等问题。目前，限于已建原型工程不多和原型观测难度较大，水垫塘的研究主要还是依赖于模型实验。因此，建立合理的、能正确反映水垫塘底板实际受力状态的模型以及采用正确的测试手段，对于研究水垫塘底板稳定性的成功与否是至关重要的。

4.2 平底板的破坏机理和形态的初步分析

水垫塘中射流属于淹没冲击射流范畴，依其动水压强分布特性，平底板分为水舌冲击区、壁面射流区和渐变流动区三个区域。水舌冲击区直接承受射流冲击作用，底板上表面动水压强很大，同时底板下表面动水压强也达到最大值；在壁面射流区射流受边壁约束，流线弯曲，底板上表面压强急剧降低，底板下表面虽有压强降低，但降幅远小于上表面压强，出现底面压强高于表面压强现象，因此，壁面射流区为易失稳区；渐变流动区水流基本接近渐变流动，底面和表面压强与静水压强相近。与壁面射流区对应的渐变流动区，动水压强分布规律与壁面射流区相近，只是其表面和底面压强差较壁面射流区小。壁面射流区底板是首先失稳区。

4.2.1 平底板失稳位置和稳定性破坏机理初步分析

水舌冲击区为水舌冲击滞点及附近区域。在这个区域内水舌水流直接向下冲击，水流的方向向下，从而对平底板作用有向下的巨大动水压力，动水压强随下游水深的减小而远远大于静水压强，且压强的变幅很大。因此这一区域内的底板主要是防止水流冲击和冲刷破坏，只要底板的整体性和强度足以抵抗水流的冲击作用而不破坏，则底板的稳定性不是主要问题。例如，曾有研究用高速射流冲击无缝隙的混凝土表面，射流入水流速为58m/s，到达混凝土表面附近的平均流速为23m/s，试验表明，垂直冲射35天后，只在混凝土表面上形成深为1～2cm的小坑；当入水角为45°～50°时，经过长期冲射未见明显的冲坑（长江水利水电科学研究院，1980）。这说明混凝土底板的强度是足够抵抗水流冲击作用的。因此底板的失稳破坏机理与岩石不同，其最早失稳破坏的位置一般不发生在水流冲击点附近。

壁面射流区为水舌冲击区之后的一段区域，这一区域的塘内水流斜向下游水面。当冲击水流在水舌冲击区内受到塘底平底板的阻挡作用产生折返之后，水流的主流在壁面射流区内改为背向底板，向水面及下游方向流动。水流的这一改向形成漩涡，将使壁面射流区内的水流产生向上的动水压力，并使这个区域的水面高于其他区域，同时减小了对底板上表面的作用力，使得作用在底板上表面的动水压力急剧减小成为低压区，且压力小于原来下游的静水压力。这个压力的减小量与冲击水流的流量、流速、冲击角，尤其是下游水深等因素有关。作用在底板下表面的压力基本仍然是与下游水位相当的水压力。所以当底板上表面的压力低于下表面且其差值（包括脉动压力的作用）大于底板的自重及锚固力时，将使底板处于失重的状态并浮起，从而使底板失去稳定性。因此，底板最早失稳破坏都出现在这个区域。

渐变流动区，即在壁面射流区之后的下游区域，这时水流基本沿水平方向向下游流动。这一区域的水压力基本按静水压力的规律分布和作用，因此这一区域内的底板一般也不会发生失稳现象。

4.2.2 底板块稳定性的简化分析

在射流冲击作用下，首先失稳的底板块位于紧接射流冲击区的下游低压区。板块失稳有升浮失稳和翻转失稳两种形式。在一定的上游水位及泄量下，当下游水垫深度足够大时，底板是稳定的。当下游水位降低到一定值时，紧邻水舌外缘的第一排板块首先出现轻微的上、下振动或左、右晃动。由于顺水流方向板块上的动水压强分布很不均匀，因此，板块出现抬头现象。随着水深的进一步降低，板块的振动加剧，很快出现升浮或翻转出穴破坏。

水垫塘底板失稳破坏的物理机制很复杂，就引起失稳的动力而言，最主要的是动水压强。动水压强包括时均压强及脉动压强两部分。

水垫塘底板两种失稳形式的动力学概化简图如图4.2-1所示。

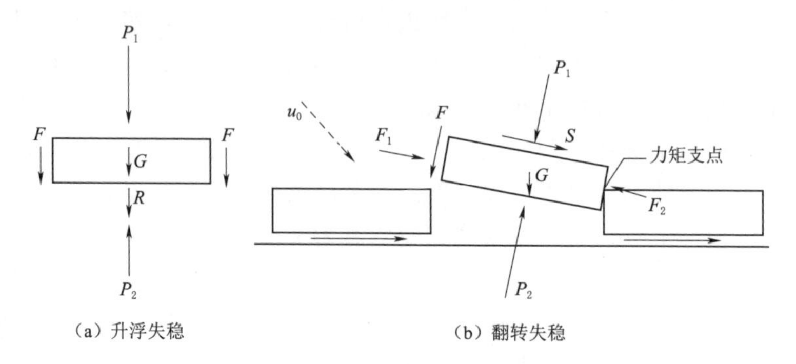

图4.2-1　水垫塘底板两种失稳形式的动力学概化简图

4.2.2.1　升浮失稳

如图4.2-1 (a) 所示，底板处于力平衡状态时，作用于其上的外力有底板表面动水压力 P_1、底板底面动水压力 P_2、底板自重 G、板块间摩擦力 F、板块锚固力 R、水流的水平拖曳力 S。升浮失稳取决于作用于板块上的垂向作用力的大小，失稳过程的最后阶段，锚固力将消失。

底板升浮失稳条件为

$$P_2-P_1\geqslant K(2F+G+R) \tag{4.2-1}$$

式中：K 为综合影响系数。等式左边为上举力，它是一个随机变量，P_2-P_1 可分解为时均上举力（$\overline{P}_2-\overline{P}_1$）和脉动上举力（$P'_2-P'_1$）。

4.2.2.2　翻转失稳

底板翻转失稳取决于板块绕其支点的力矩条件，如图4.2-1 (b) 所示。板块表面动水压力的大小及其合力作用点的位置对翻转失稳影响很大。

4.2.3　分析得到的启示

通过理论分析得到的启示为：①板块失稳时，出现抬头现象是由于底面与表面动水压强差分布前后不均匀造成的。②板块失稳的主要原因是底面与表面动水压强差。由于脉动压强和板块失稳都有明显的随机性，因此应用随机理论研究底板块的失稳机理似乎更恰当一些。③用最大动水压强差（$P_{max}-P_{min}$）来表征板块的升浮失稳条件，可能与实际情况偏差较大，毕竟在底面出现最大压强和在顶面出现最小压强同时发生的可能性极小。④试验发现，底面脉动压强的强度随下游水深变化不大（振动前），而表面脉动强度受下游水深影响比较显著。

4.3 平底板块的起动过程与随机振动理论分析

板块的出穴过程是板块在锚固力被破坏以后，在脉动上举力的作用下，发生晃动、上升和出穴的过程。本节从板块振动的理论着手，导出了板块振动的动力方程，并进行了简单的分析。

4.3.1 板块起动过程

在锚固力被完全破坏后，板块因受脉动上举力的作用，发生不停的振动，整个振动过程根据崔广涛等（1982）、毛野（1982）等的试验研究可分为以下3个阶段：

（1）轻微振动（或晃动）阶段，板块上下起伏的振幅小、频率大，属于高频小振幅振动。

（2）浮升振动阶段，板块振动的振幅显著增大但频率降低，属于低频大振幅的振动；有时由于水平力的作用，水垫塘内主流的摆动以及板块之间的缝隙不易充水而被卡住，会在某一位置滞留一段时间。

（3）上升出穴阶段，板块不断升高，最后出穴而去，板块出穴的方式主要有翻转出穴和升浮出穴。

在多数情况下，底板块起动过程主要是由高频低振幅的振动和低频大振幅的振动分量组成。一般板块振动的时间较长，而真正拔出的时间很短，只需几秒钟。

4.3.2 板块起动的动力方程

板块的振动过程，可由牛顿第二定律导出控制方程。如图4.3-1所示，设板块高度为h，长度为L，作用在板块上的单宽上举力为$F(t)$、单宽重力为$G=\gamma_s hL$、单宽阻力为F_R，在时刻t板块向上的位移为$x(t)$，则由牛顿第二定律可得

$$F(t)-G-F_R=m\frac{d^2x}{dt^2} \tag{4.3-1}$$

其中，m为板块单宽总质量（＝板块的质量＋板块卷吸水体的附加质量），可表示为

$$m=\rho_s hL+C_w\rho hL \tag{4.3-2}$$

式中：ρ_s和ρ分别为板块和水的密度，kg/m^3；C_w为附加质量系数，无量纲；

其他符号意义同前。

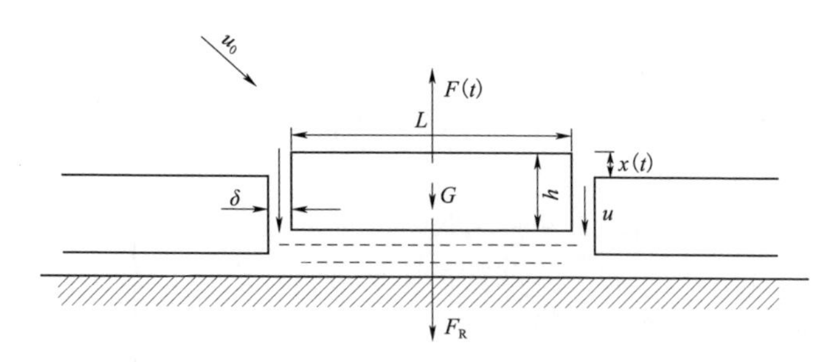

图 4.3-1　板块的受力分析

对于阻力 F_R，因板块与塘底分开，其大小主要取决于板块与水体之间的相对速度。设板块间的缝隙宽度为 δ，则由水流连续方程可得 t 时刻水流在缝隙内的速度为（刘沛清，1994）

$$u=\frac{L}{2\delta}\frac{\mathrm{d}x}{\mathrm{d}t} \tag{4.3-3}$$

板块相对于水体的速度 V_r 为

$$V_r=u+\frac{\mathrm{d}x}{\mathrm{d}t} \tag{4.3-4}$$

可设 F_R 正比于 V_r，有

$$F_R=C\left(1+\frac{L}{2\delta}\right)\frac{\mathrm{d}x}{\mathrm{d}t} \tag{4.3-5}$$

其中，C 为比例系数。把式（4.3-5）代入式（4.3-1），整理后得到

$$\frac{\mathrm{d}^2x}{\mathrm{d}t^2}+\alpha\frac{\mathrm{d}x}{\mathrm{d}t}=\xi(t) \tag{4.3-6}$$

其中

$$\xi(t)=\frac{F(t)-G}{m} \tag{4.3-7}$$

$$\alpha=\frac{C\left(1+\frac{L}{2\delta}\right)}{m} \tag{4.3-8}$$

式中：α 为阻尼系数。

式（4.3-6）即为板块起动的动力方程，考虑到 $F(t)$ 的随机性，该式实际上是一个二阶线性常系数随机微分方程（陆大绘，1986）。

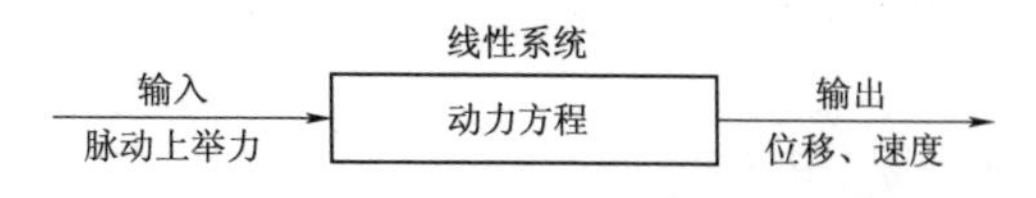

图 4.3-2　板块起动的输入输出示意图

由于板块起动的动力方程是线性的，可以归结为一个线性系统在随机荷载（输入）作用下的响应（输出），示意图如图 4.3-2 所示。

4.4 模型试验的原理及安全系数法的理论分析

4.4.1 模型试验的原理

建造整体水工模型时，在水垫塘结构的底板上和边坡上安装了大量的测压管，用来测量时均压力。由于测量时，测压管内的水面在不停地上下波动，读数时，采用观察一段时间后读一个最大值和一个最小值，取二者平均值作为时均压力值，取二者之差为脉动压力的粗略估算幅值。准确的脉动压力值用中国水利水电科学研究院研制的传感器及其数据采集系统测量。上举力用自制力传感器测量，用北京东方振动和噪声技术研究所 DASP 智能数据采集和信号分析系统进行数据采集和分析。

上举力测试装置示意图如图 4.4-1 所示。每个板块由弹簧支撑在模型底板上，板块与力传感器间由金属杆连接。实际上，板块和弹簧也可以看成传感器的一部分。当板块在水流荷载的作用下运动时，弹簧又施加给板块一个力。当在静水中将二次仪表置零时，即消除板块浮重项及锚固力项。因此，模型中所测值即为板块所受的上举力。

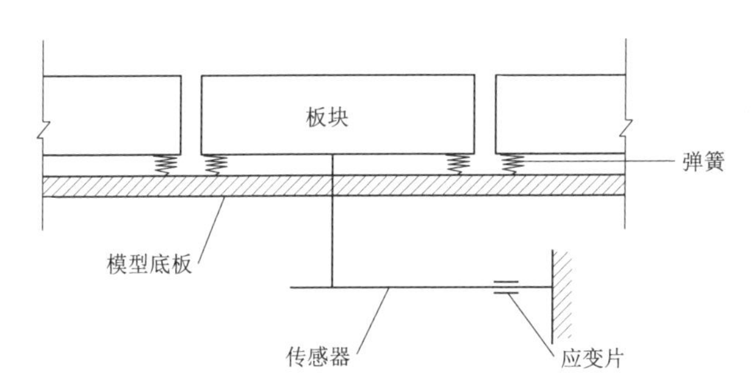

图 4.4-1 上举力测试装置示意图

4.4.2 安全系数法的理论分析

在止水完全破坏的情况下，考虑施加其上的锚固力，水垫塘底板块的受力分析如图 4.4-2 所示。

P_1 为板块上表面的动水压力，P_2 为板块下表面的动水压力，R 为锚固力，G 为板块的自重。底板抗浮稳定安全系数的计算公式根据《溢洪道设计规范》(SL 253—2000) 中第 145 页的 C 模式：

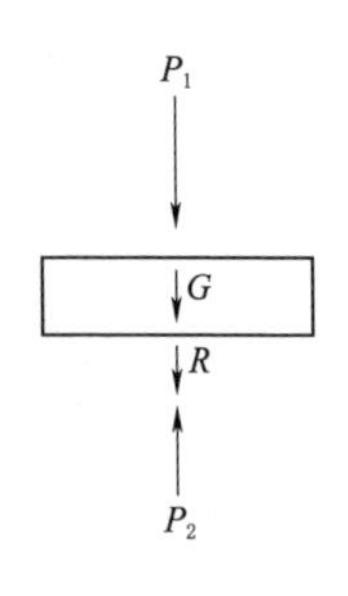

图4.4-2　水垫塘底板块的受力分析

$$K_f=\frac{浮重+锚固力}{压力差+脉动压力} \tag{4.4-1}$$

式中：K_f为安全系数。分母中压力差即是底板上下表面的时均压力差，由测压管测得。脉动压力的粗略估算值由测压管测得，精确值由脉动压力传感器测得。暂不考虑锚固力，可以根据模型实测的时均压力值和脉动压力值计算出底板的安全系数。

式（4.4-1）还可以写成：

$$K_f=\frac{浮重+锚固力}{上举力} \tag{4.4-2}$$

式中分母为上举力。上举力可以由自制的力传感器测得。暂不考虑锚固力，由模型实测的最大上举力计算出水垫塘底板块安全系数的分布情况。

模型实测脉动压力是点脉动压力，由点脉动压力换算成面脉动压力应将其乘以小于1的转换系数。脉动压力幅值点面转换系数定义为

$$C_{P'}=\left(\frac{\overline{P'^2_{面}}}{\overline{P'^2_{点}}}\right)^{0.5} \tag{4.4-3}$$

式中：$\overline{P'^2_{点}}$、$\overline{P'^2_{面}}$分别为点、面脉动压力均方差。

4.5　NZD工程水垫塘平底板结构安全性研究

4.5.1　NZD工程项目简介

NZD水电站是巨型工程，水库大坝为碾压混凝土重力坝，最大坝高260.0m。电站装机容量为5500MW。无论是电站的装机规模和水库容积，还是泄洪流量和泄洪功率等指标，均在同类工程中名列前茅。泄水建筑物由坝身表孔、中孔、底孔和左岸泄洪隧洞组成。NZD水电站主要工程特征见表4.5-1。

表4.5-1　NZD水电站主要工程特征表

坝型	碾压混凝土重力坂	设计水位	813.80m（$P=0.2\%$）
最大坝高	260.0m	正常水位	812.00m
坝顶长度	682.5m	汛限水位	802.00m
坝顶高程	817.50m	校核流量	33700.0m³/s
总库容	225×10^8m³	设计流量	25100.0m³/s
校核水位	813.90m（$P=0.02\%$）	溢流表孔	7×15m

续表

堰顶高程	792.00m	泄洪底孔（短进口）	2个（5×7.0m）
表孔挑坎高程	650.00m	底孔进口高程	690.00m
挑坎角度	28°	左泄洪洞出口高程	(8.5×8.0m) 708.40m
泄洪中孔（短进口）	4个（5×7.5m）	水垫塘长度（底高程）	360.0m (575.00m)
中孔进口高程	710.00m	二道坝高度（顶高程）	33.0m (608.00m)

模型按重力准则设计，几何比尺为100。模型各参数比尺见表4.5-2。

表4.5-2　　模型各参数比尺

几何比尺 L	流量比尺 Q	流速比尺 V	时间比尺 T	糙率比尺 n
100	100000	10	10	2.154

模型各泄水建筑物部分用有机玻璃制作，水垫塘用塑料板制作，其他部分用水泥沙浆制作。水位用水位测针测量，时均压力用测压管测量，脉动压力用中国水利水电科学研究院研制的传感器及其数据采集系统测量。

4.5.2 原设计方案实验成果

4.5.2.1 测压管布置

在模型水垫塘底板和边坡上总共布置了300根测压管，如图4.5-1所示。

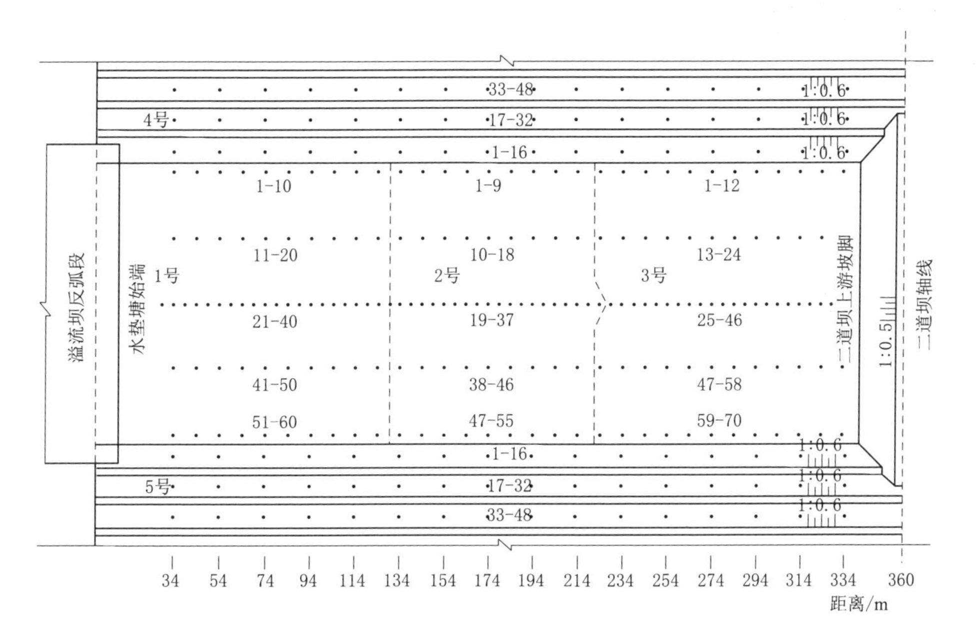

图4.5-1　测压管布置

4.5.2.2　水垫塘动水压力分布

（1）联合泄洪（表中底孔联合泄洪）底板和水垫塘边坡压力分布分别见图4.5-2和图4.5-3。

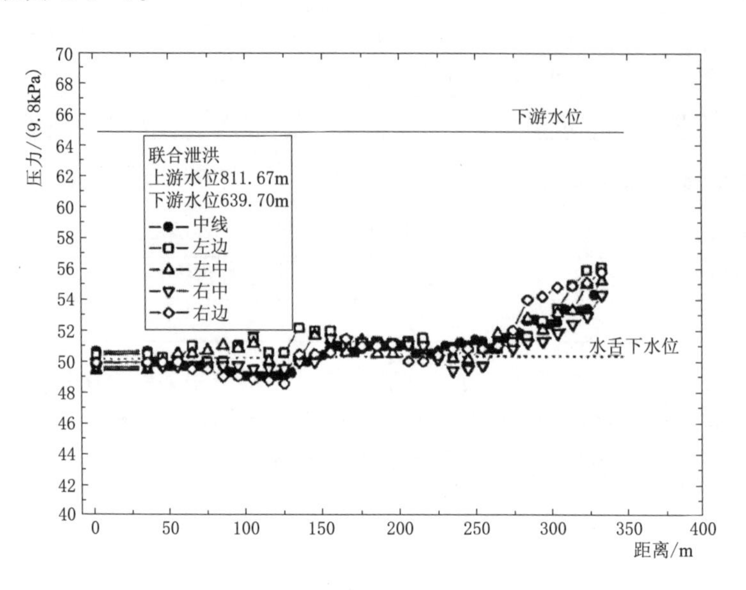

图4.5-2　联合泄洪底板压力分布

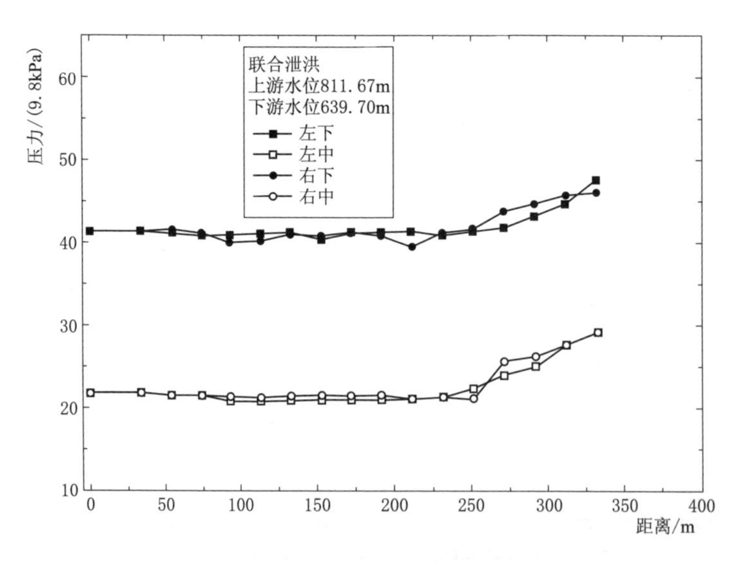

图4.5-3　联合泄洪水垫塘边坡压力分布

（2）表孔单独泄洪底板和边坡水位压力分布分别见图4.5-4和图4.5-5。

（3）中底孔联合泄洪底板和边坡压力分布分别见图4.5-6和图4.5-7。

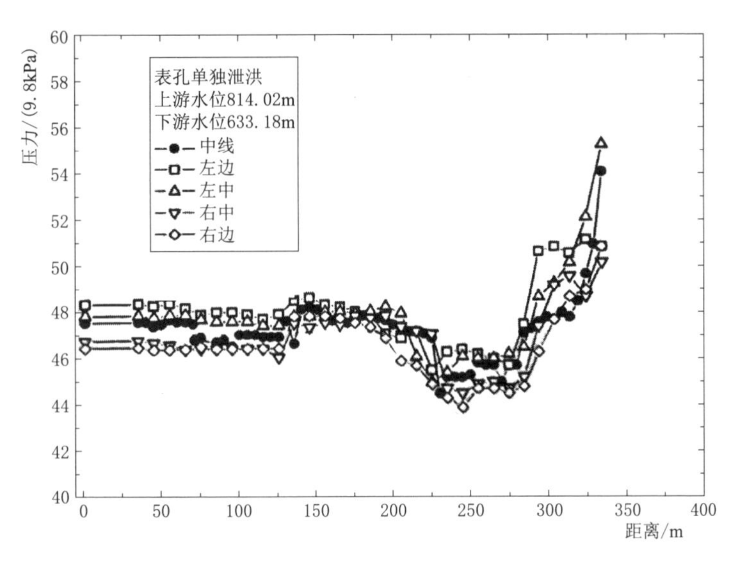

图 4.5-4　表孔单独泄洪底板压力分布

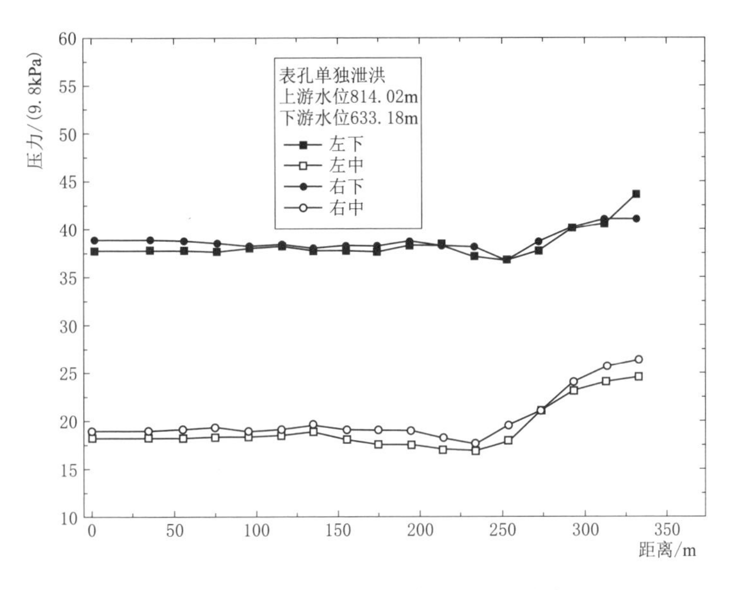

图 4.5-5　表孔单独泄洪边坡压力分布

4.5.2.3　水垫塘动水压力测试结果分析

（1）水垫塘底板的压力分布与拱坝跌流水垫塘的压力分布差别很大，从压力分布图中可以看出，在靠近二道坝附近出现最大值，没有峰值出现。其原因是：①入塘水舌与跌流相比，入水角偏小（约45°），水舌入水流速的水平分量大而垂向分量小，即水舌对底板的冲击强度小；②水舌入水点距二道坝的距离偏小，或者说

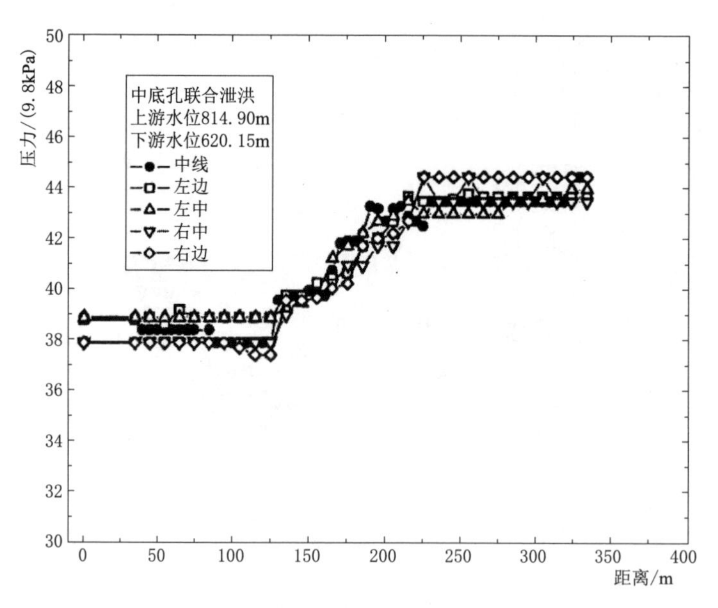

图 4.5-6　中底孔联合泄洪底板压力分布

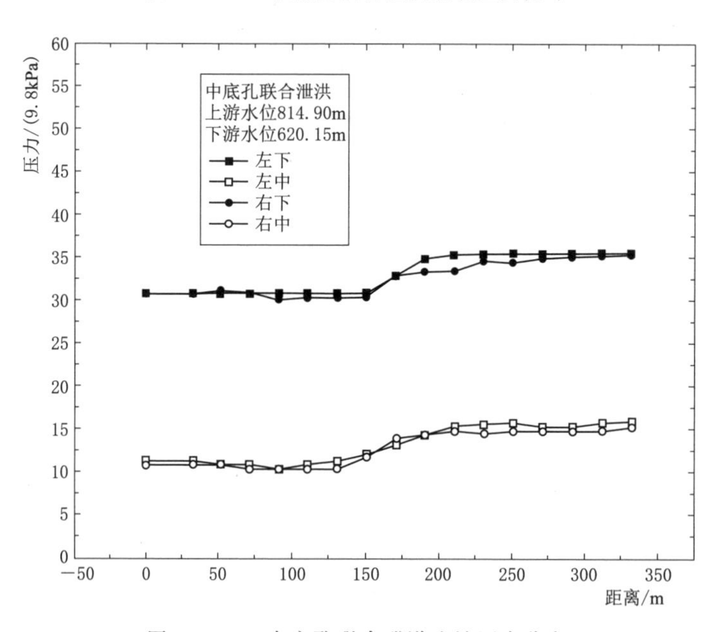

图 4.5-7　中底孔联合泄洪边坡压力分布

水垫塘的长度（相对于水舌来说）偏小，造成水舌入水后在入水点下游方向得不到充分扩散。模型中直接观察到水舌潜入水垫后的射流已接近二道坝坝脚。

（2）在各运行工况下，水垫塘的时均冲击压力均不大。由于二道坝的顶托作用，水垫塘底板下游端的压力最大，但都不超过下游水位。如果以水舌下水位计算底板的动水压力增加值，各工况都不超过 98kPa（10m 水柱），国内标准是小于 15m 水柱。因此，可以得出初步结论：水垫塘内水深足够大（或者说二道坝的高度足够高）。这仅仅是以水垫塘时均动水压力为基础而得出的结果。

（3）由于各建筑物的挑射水舌都超过 200m（校核水位运行工况），因此水垫塘靠近坝脚部分未充分发挥作用。

（4）水垫塘底板的压力分布在靠近二道坝部分陡然升高，压力梯度很大，不利于底板的稳定。

（5）探求合理的表孔、中孔和底孔体型，尽量使水舌在落入水垫塘之前，就已经碰撞、破碎，以达到消能的目的，这样可以改善水垫塘底板压力的分布。

（6）水垫塘底板压力分布的控制因素是表孔水舌的落点和分散程度。因为表孔流量占总流量的 75%左右，主要能量都集中在表孔水舌中，中孔、底孔水舌穿过表孔水舌间隙直接冲击水垫塘而引起的压力局部升高值有限，不构成对底板稳定的严重威胁。因此，有必要对表孔水舌的落点进行调整，减小能量集中，从而降低底板的压力峰值。

4.5.3 方案修改后的实验成果

修改措施为：在中孔和底孔出口处设置一舌形挑坎，结果表明，分流效果很好。同时，为了使表孔水舌也形成扩散形态，将延伸至挑坎的闸墩截断 13m（相当于楔形墩头），利用反弧水流的离心作用形成扩散形水舌。

4.5.3.1 水垫塘底板上表面动水压力分布

联合泄洪水垫塘底板上表面时均压力和脉动压力分布见图 4.5-8～图 4.5-13。

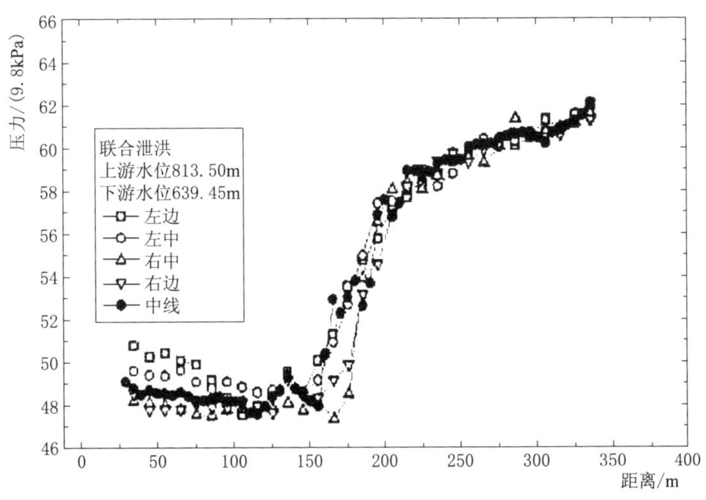

图 4.5-8 联合泄洪水垫塘底板上表面时均压力分布（下游水位 639.45m）

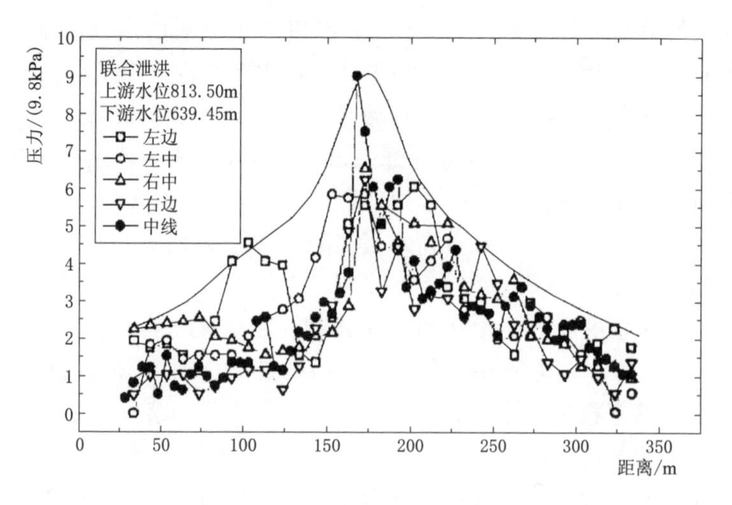

图4.5-9 联合泄洪水垫塘底板上表面脉动压力分布（下游水位639.45m）

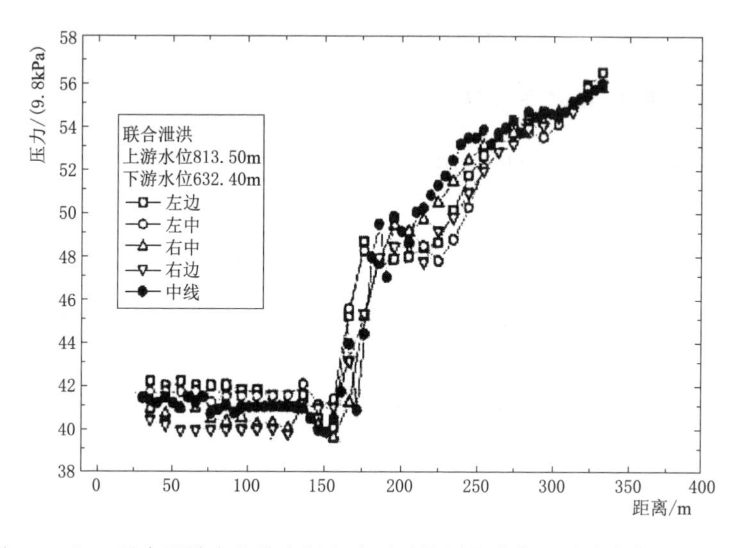

图4.5-10 联合泄洪水垫塘底板上表面时均压力分布（下游水位632.40m）

4.5.3.2 水垫塘底板下表面动水压力分布

对于挑流水舌对底板的冲击而引起的失稳问题，与底板上下表面的动水压力大小有关。压力梯度的存在是这个问题的关键，涉及水流动水压力沿缝隙传播的方式。为此，在水垫塘底板铺设了用加重橡胶制作的底板块，进行了板块稳定性试验。

底板块的原型尺寸为11m×11m×4m（长×宽×厚），钳在底板上面（因底板的修改难度较大，故暂将板块置于其上，实际上将水垫塘底板高程抬高了4m），测量了板块底部的时均压力和脉动压力，并观察板块在不同下游水位时

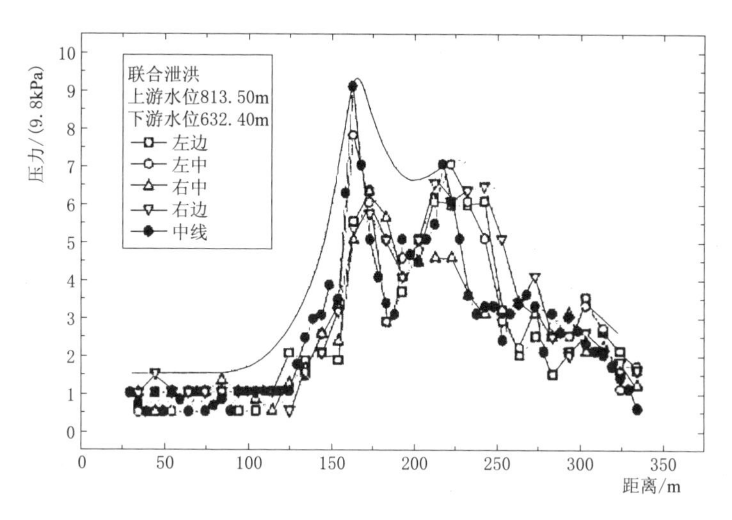

图 4.5-11　联合泄洪水垫塘底板上表面脉动压力分布（下游水位 632.40m）

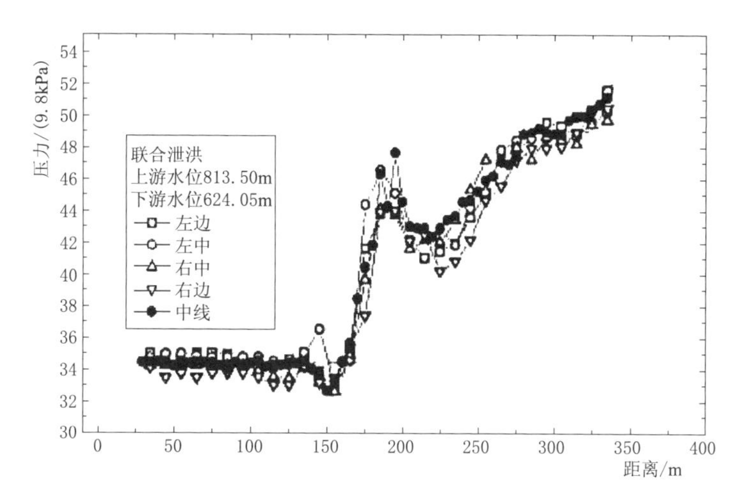

图 4.5-12　联合泄洪水垫塘底板上表面时均压力分布（下游水位 624.05m）

的稳定性。脉动压力除继续用测压管的最大值与最小值的差值估算外，专门用中国水利水电科学研究院研制的脉动压力传感器及其 SG-60 型水工试验数据采集系统进行精确测量。为了深入研究底板块的稳定性，用自制的压力传感器和北京东方振动和噪声技术研究所 DASP 智能数据采集和信号分析系统测量了板块的上举力。

模型底板块不加任何锚固措施，模拟原型不考虑锚固力情况。模型底板块布置示意图见图 4.5-14。

模型底板块底面时均压力和脉动压力实测结果见图 4.5-15～图 4.5-20。

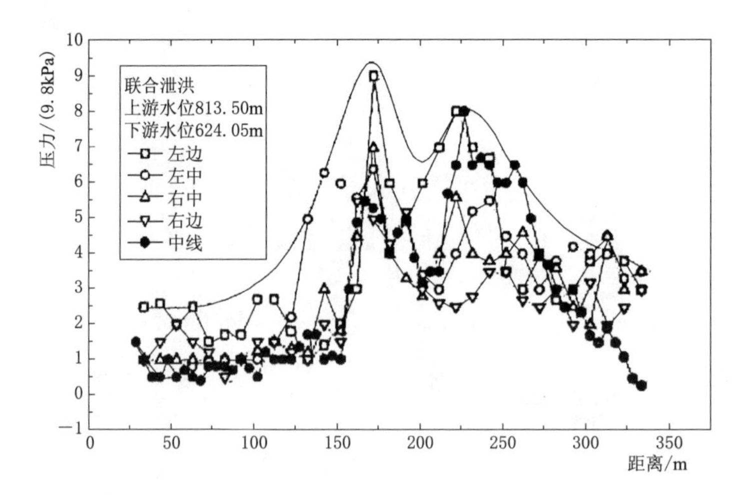

图 4.5－13　联合泄洪水垫塘底板上表面脉动压力分布（下游水位 624.05m）

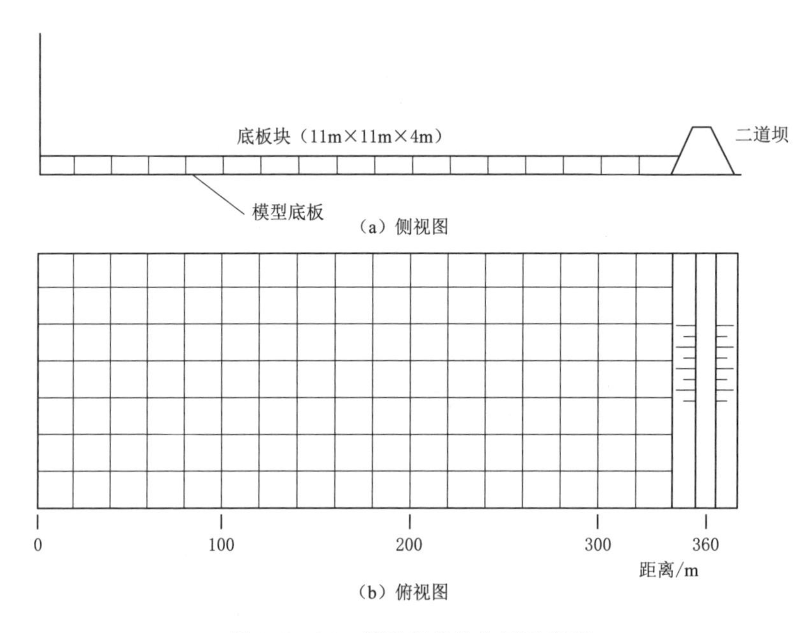

（a）侧视图

（b）俯视图

图 4.5－14　模型底板块布置示意图

实测结果表明，底板块下表面的压力分布规律与上表面基本一致，时均压力比上表面稍大，脉动压力则比上表面小。

4.5.3.3　根据测压管测得的时均压力和脉动压力估算值来计算底板安全系数

取校核水位，表孔、中孔、底孔联合运行工况，平滑处理后的中线时均压力和脉动压力见图 4.5－21。

底板下表面的时均压力均大于上表面的时均压力（图 4.5－21）。在 150～

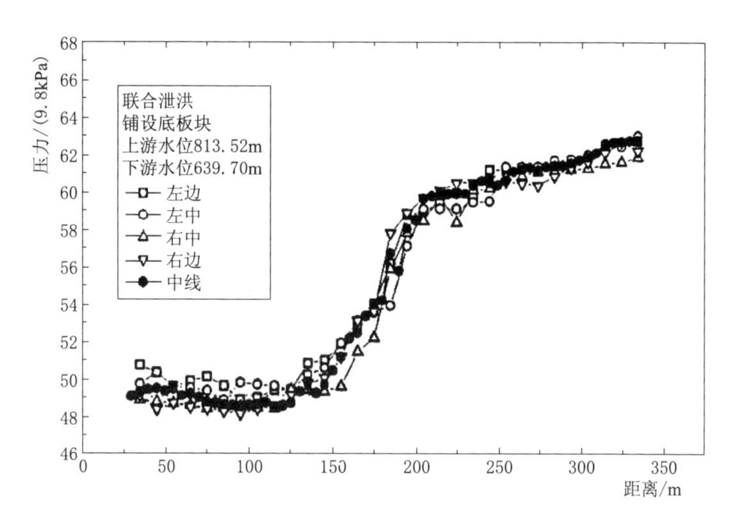

图 4.5-15　模型底板块底面时均压力（下游水位 639.70m）

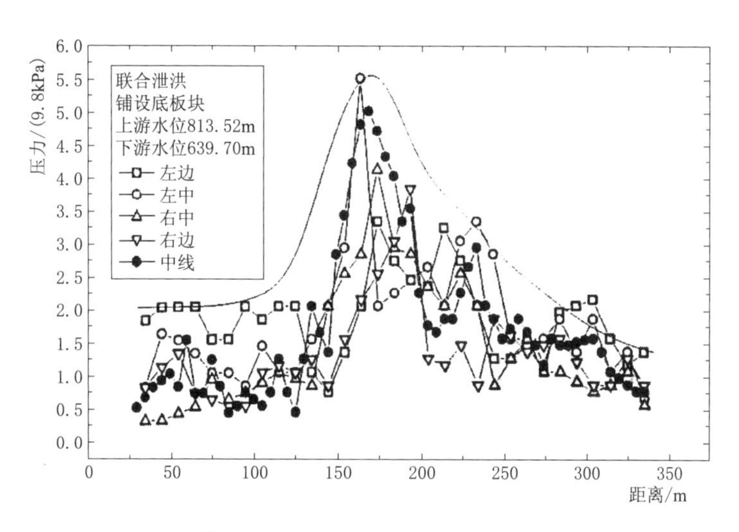

图 4.5-16　模型底板块底面脉动压力（下游水位 639.70m）

225m 区间，二者的差值较大，该区间也是射流冲击区间，参见图 4.5-22。出现这种情况的主要原因首先是水舌入水角度偏小（约 45°），潜入到底板的位置恰在 150m 处。因为射流水舌流速的水平分量相对较大，因而对底板的垂向冲击作用降低。同时，水舌反向（向上游）的卷附作用小，水舌下的水体被带向下游，造成水舌下水位大为降低。相反，在 150～225m 区间就形成了所谓的壁面射流区，造成表面压力降低，而这种壁面射流一直传递到二道坝附近。另外，二道坝对射流的阻滞作用，使得壁面射流的动能在二道坝前附近转化为势能，因而增大了水垫塘下游部分的压力。对于某一块底板来说，作用于

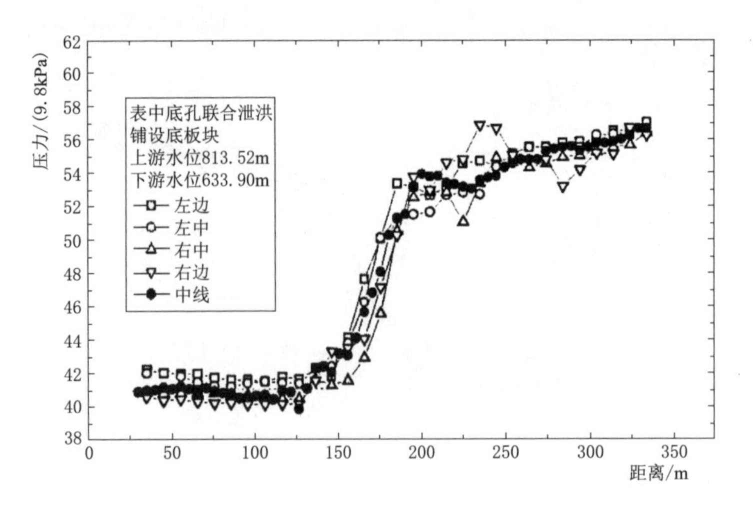

图 4.5-17 模型底板块底面时均压力（下游水位 633.90m）

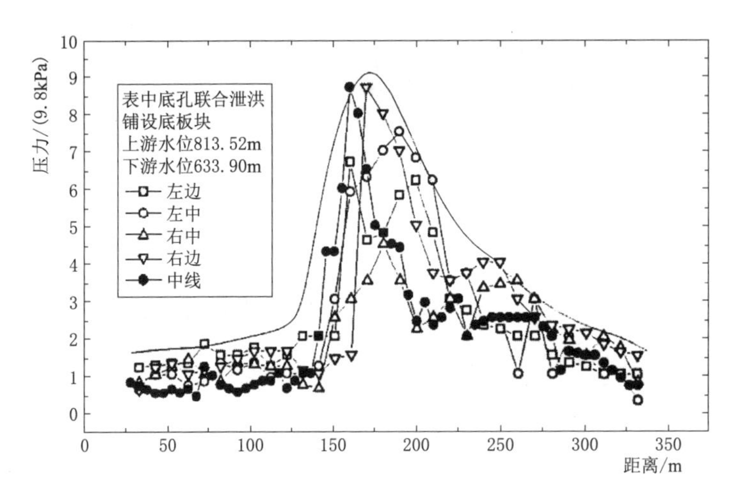

图 4.5-18 模型底板块底面脉动压力（下游水位 633.90m）

其底面的时均压力，来自下游部分的高压区。因为模型模拟的是止水完全破坏以及与基岩的接触缝完全贯通的情况，所以下游区的高压一直向上游传递，就造成了底板底面时均压力大于上表面的结果。但是，某一板块是否稳定，还要看瞬时动水压力即时均压力和脉动压力之和与浮重的大小关系。

对底板稳定起控制作用的是脉动压力，根据模型实验实测的数据见图 4.5-21，依据式（4.4-1）计算的安全系数见图 4.5-23。

图 4.5-23 的结果表明，在 130～230m 范围内，板块的抗浮稳定安全系数小于 1，即不安全。在约 170m 处，板块的安全系数最小，约为 0.5，在不

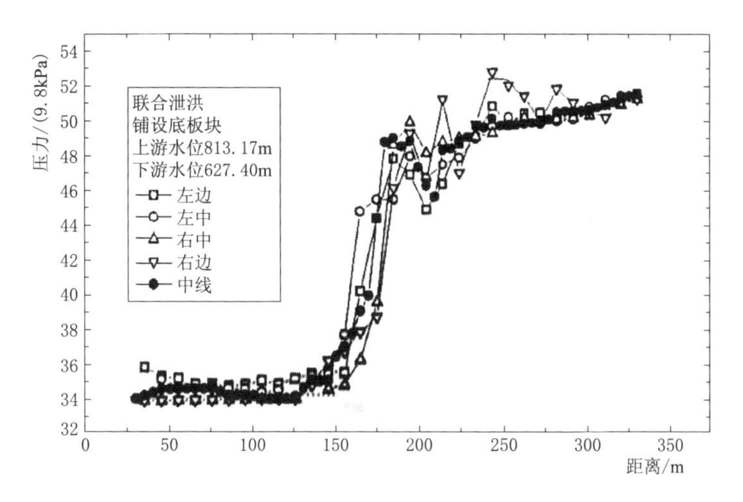

图 4.5-19　模型底板块底面时均压力（下游水位 627.40m）

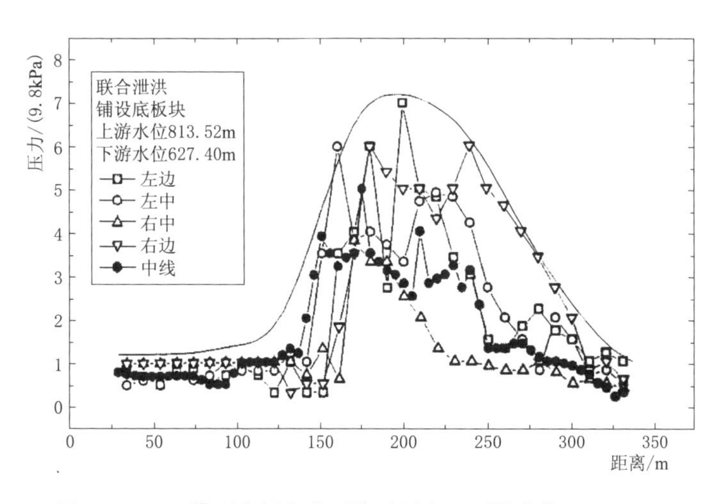

图 4.5-20　模型底板块底面脉动压力（下游水位 627.40m）

施加锚固力的情况下，是不稳定的。若要保持稳定，则必须对其施加48kPa（4.9t/m^2）的锚固力。从图 4.5-23 可知，考虑一定安全度，锚固范围应为 100～270m。

4.5.3.4　板块抗冲试验

在不加任何稳固措施的情况下，将模型中水垫塘底板块铺在底板上。底板块底面高程为 575.00m，上表面高程为 579.00m。在校核水位情况下，板块被大量掀起，见图 4.5-24。图 4.5-24 中的虚线表示稳定板块与失稳板块的分界线。与图 4.5-23 对照，板块失稳范围基本一致，只是失稳区下游界限试验结果比计算结果要大 20～40m。出现这种情况的原因，是每个板块的计算

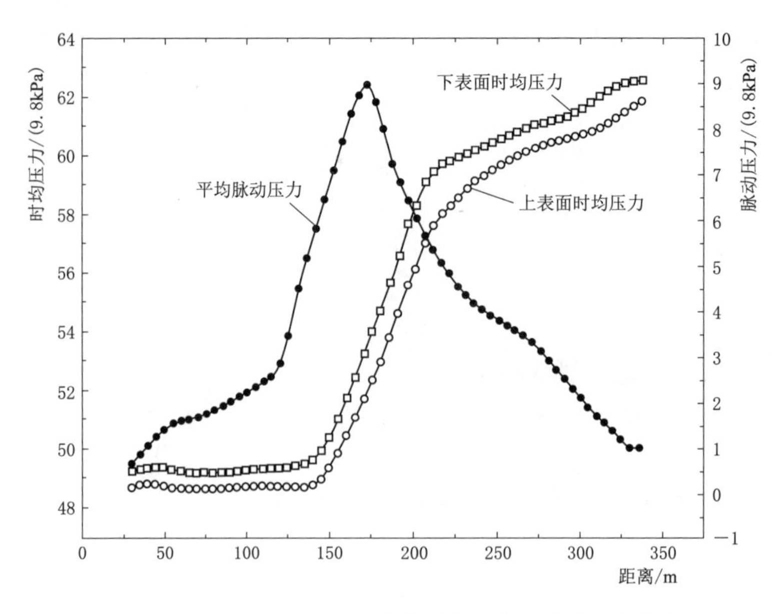

图 4.5-21　平滑处理后的中线时均压力和脉动压力分布

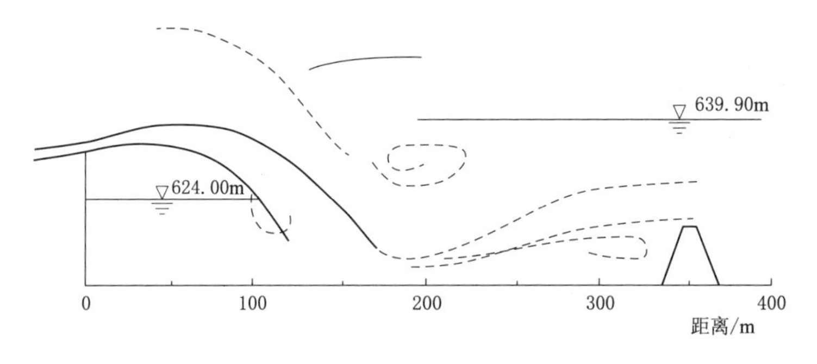

图 4.5-22　联合泄洪校核水位水垫塘流态

状态与试验状态不完全一致。在计算中，每个板块都按相同的受力条件进行力的平衡分析，某一板块的失稳不对其他板块产生影响。而试验中每个板块的失稳条件则不完全一致。最先失稳的板块稳定条件与计算所采用的模式一致，而后来失稳的板块要受先失稳板块的影响。一旦某个板块失稳，必然导致其周围的流场发生变化，进而改变了与它相邻板块的受力状态，这与实际工程中的情形一致。抗冲试验的结果说明，水垫塘某些区域的底板必须采取加固措施，否则会威胁其安全运行。

4.5.3.5　脉动压力的试验研究

用测压管液面最大波动幅度测得的水垫塘底板的脉动压力，仅仅用于初步评价板块的稳定性。为了获得更多的射流冲击荷载的特性，在底板中线布置了

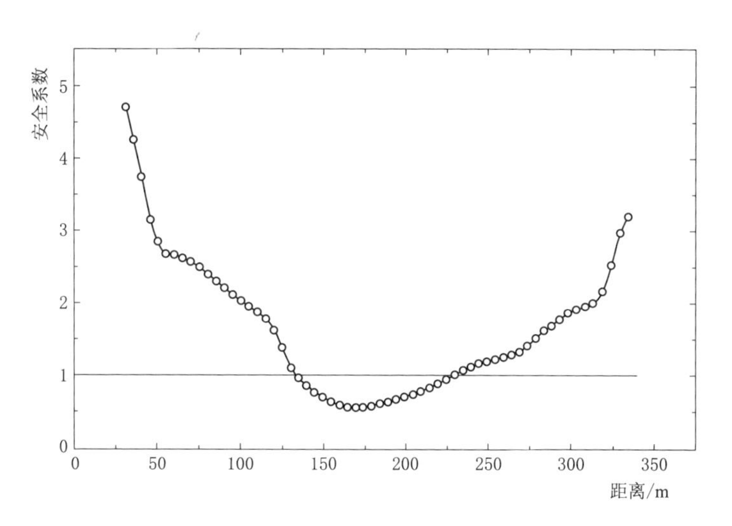

图 4.5-23 底板块的安全系数

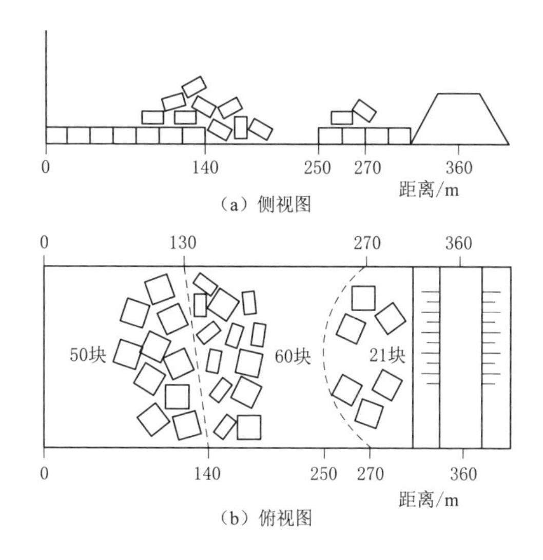

图 4.5-24 底板块抗冲试验结果示意图

脉动压力传感器，测量了脉动压力。典型压力时间过程及功率谱见图 4.5-25～图 4.5-28，脉动压力分布见图 4.5-29，脉动压力均方差与下游水位的关系见图 4.5-30。

脉动压力实测结果表明，上表面最大脉动压力 σ 可达 47kPa（4.8m 水柱），按 6σ 计算，2 倍幅值为 282kPa（28.8m 水柱），下表面为 189kPa（19.3m 水柱），分别为总水头（库水位与水垫塘底板的高差）的 12%和 8%。脉动能量集中在小于 1.2Hz 以内的频率上，基本符合正态分布。随着下游水位的降低，压力也增大。

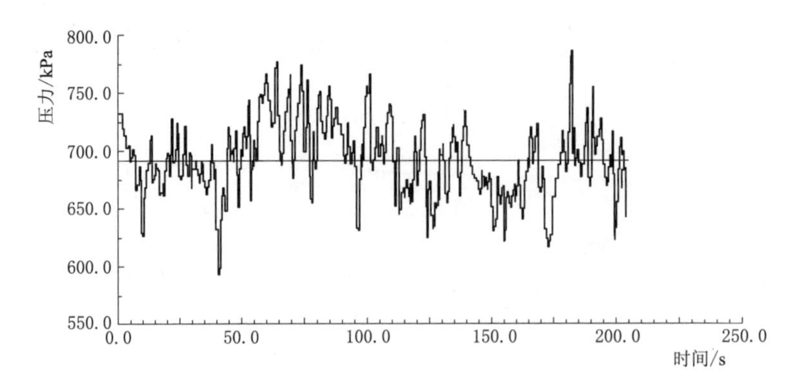

图 4.5-25　上表面脉动压力时间过程（距离 189m）

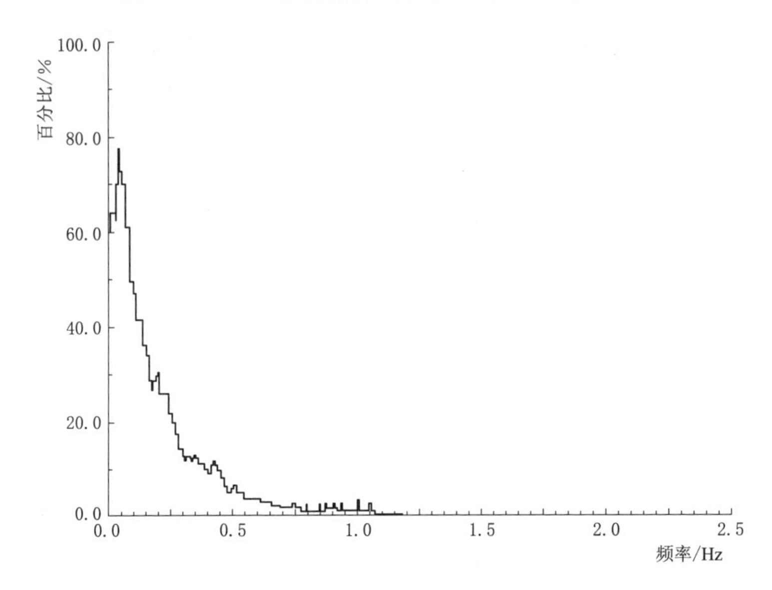

图 4.5-26　上表面脉动压力功率谱（距离 189m）

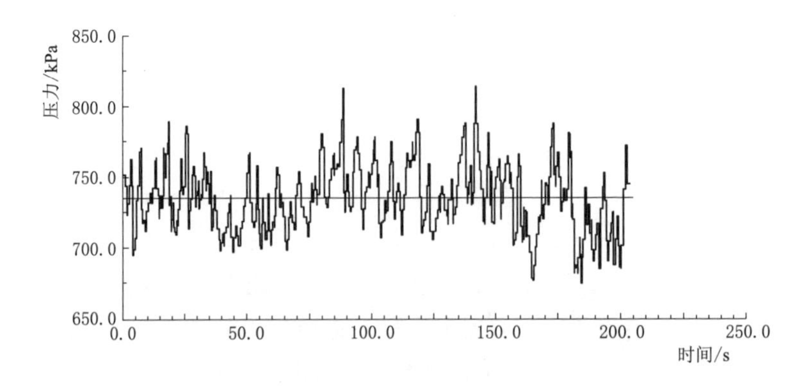

图 4.5-27　下表面脉动压力时间过程（距离 189m）

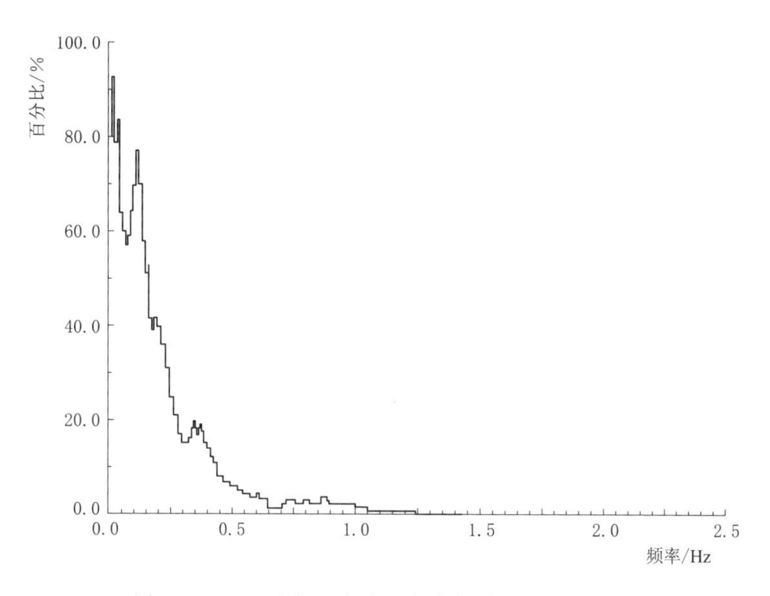

图 4.5-28　下表面脉动压力功率谱（距离 189m）

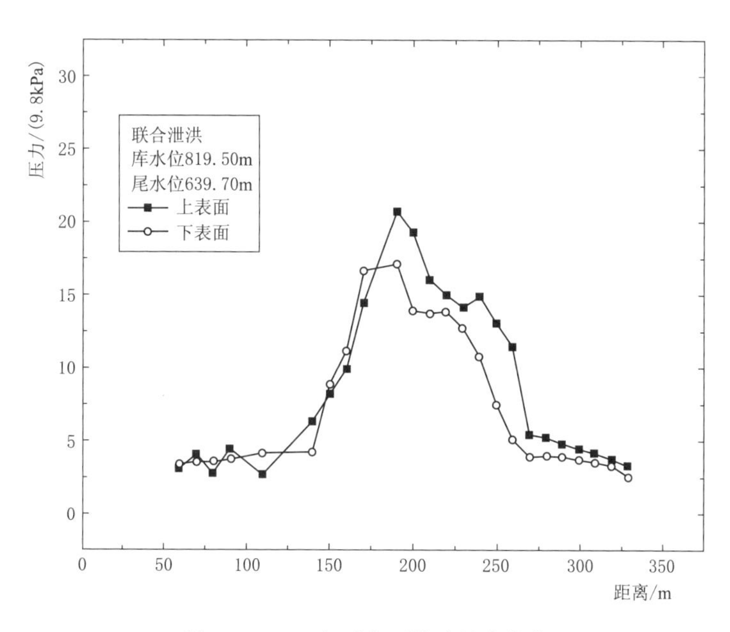

图 4.5-29　上下表面脉动压力分布

4.5.3.6　板块上举力的测试和安全系数的计算

为了准确考查板块在射流冲击荷载作用下的稳定性，应专门进行板块上举力的实验研究。测试装置和实验原理如前所述，在模型中研究底板块上举力时，假定各板块间相互无摩擦，其单个板块抗浮稳定的安全系数计算用

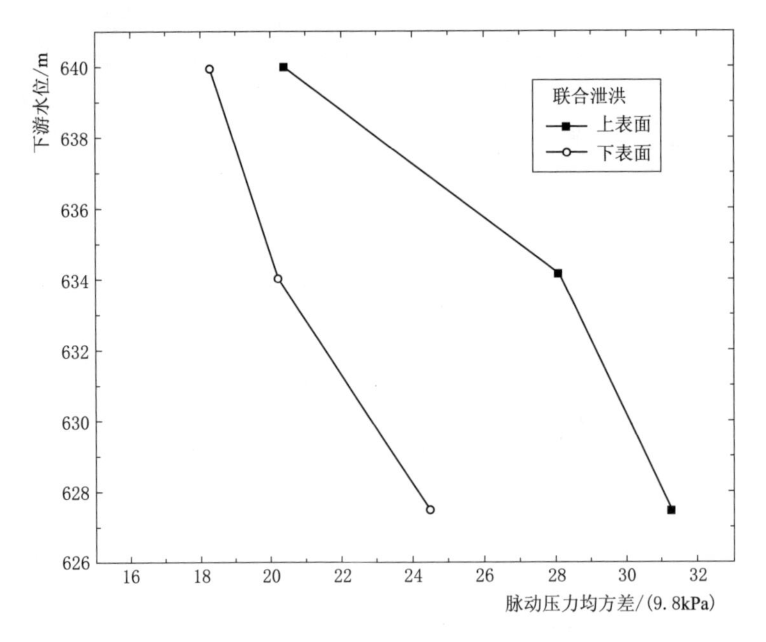

图 4.5-30　脉动压力均方差与下游水位的关系（距离 179m）

式（4.4-2）。实验工况分为联合泄洪工况和表孔单独泄洪工况。

（1）联合泄洪工况。联合泄洪工况模型的实测结果见表 4.5-3～表 4.5-5 及图 4.5-31～图 4.5-35。

（2）表孔单独泄洪工况。表孔单独泄洪工况模型的实测结果见表 4.5-6～表 4.5-8 及图 4.5-36～图 4.5-40。

表 4.5-3　　联合泄洪时板块最大上举力

距离/m	不同下游水位的最大上举力/(9.8kN)					
	643.60m	639.90m	633.90m	629.50m	624.70m	619.50m
140	209.0	193.0	364.0	300.0	522.0	690.0
163	614.8	1366.7	1632.7	2255.7	1951.6	1847.7
174	718.0	1227.7	2055.7	2316.7	2316.7	2048.7
185	508.6	870.6	1889.4	1323.4	2533.9	2233.4
197	539.1	471.9	632.1	985.4	1335.4	1040.4
208	381.5	624.6	666.1	781.0	943.4	850.8
225	183.8	407.8	872.5	481.3	717.0	697.0

表 4.5-4　　联合泄洪时板块平均上举力

距离/m	不同下游水位的平均上举力/(9.8kN)					
	643.60m	639.90m	633.90m	629.50m	624.70m	619.50m
140	178	216.0	115.0	228.0	57.0	70.0
163	61.3	22.4	65.4	68.6	204.5	170.4
174	91.0	22.6	73.6	79.2	204.0	156.0
185	123.5	121.4	77.7	167.1	167.0	180.0
197	160.6	188.6	227.5	225.8	222.0	246.4
208	88.9	147.4	262.7	188.0	366.4	320.8
225	110.0	93.2	78.2	87.13	193.8	146.7

表 4.5-5　　联合泄洪时板块上举力均方差

距离/m	不同下游水位的上举力均方差/(9.8kN)					
	643.60m	639.90m	633.90m	629.50m	624.70m	619.50m
140	131.0	165.0	177.0	223.0	172.0	208.0
163	143.0	236.0	335.0	381.0	376.0	420.0
174	166.0	252.0	387.0	407.0	510.0	493.0
185	128.0	187.0	310.0	300.0	455.0	389.0
197	124.0	162.0	232.0	234.0	323.0	275.0
208	98.0	152.0	217.0	208.0	2.85.0	246.0
225	57.0	114.0	140.0	132.0	185.0	163.0

表 4.5-6　　表孔单独泄洪时板块最大上举力

距离/m	不同下游水位的最大上举力/(9.8kN)			
	639.20m	633.90m	629.20m	624.50m
140	76.0	157.0	180.0	419.0
163	78.2	68.0	68.0	78.2
174	178.7	223.1	207.1	332.9
185	82.3	243.9	193.9	380.4
197	148.2	227.5	632.4	1548.8
208	327.1	687.0	801.95	2209.6
225	454.4	629.9	728.5	1549.4

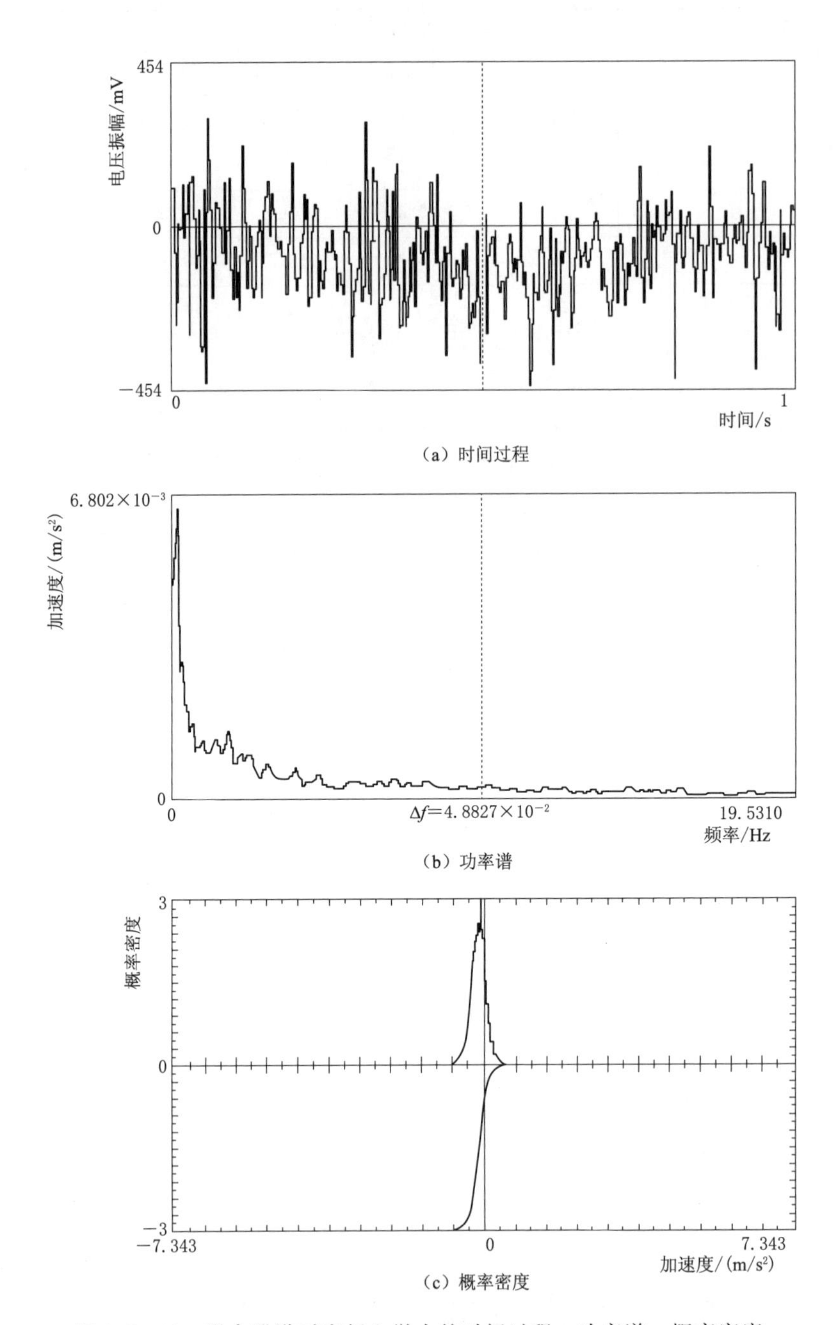

图 4.5-31　联合泄洪时底板上举力的时间过程、功率谱、概率密度

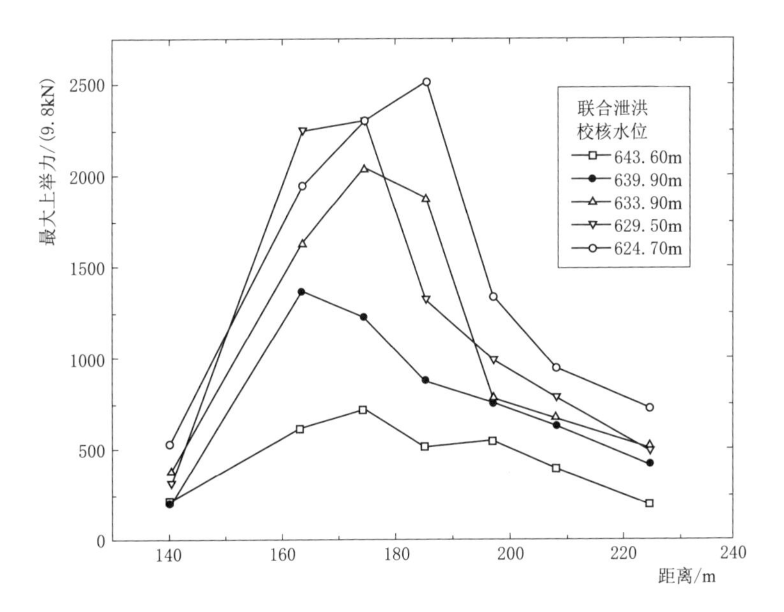

图 4.5－32　联合泄洪时板块最大上举力的沿程分布

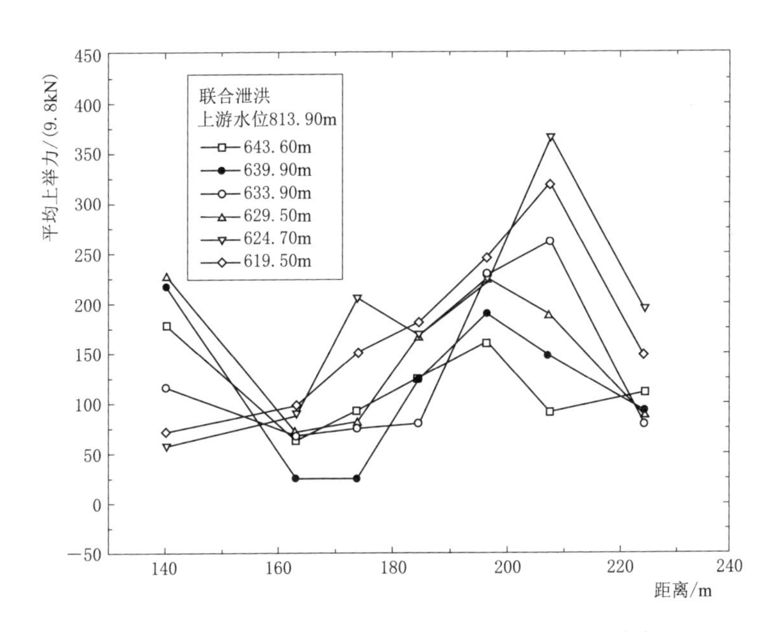

图 4.5－33　联合泄洪时板块平均上举力的沿程分布

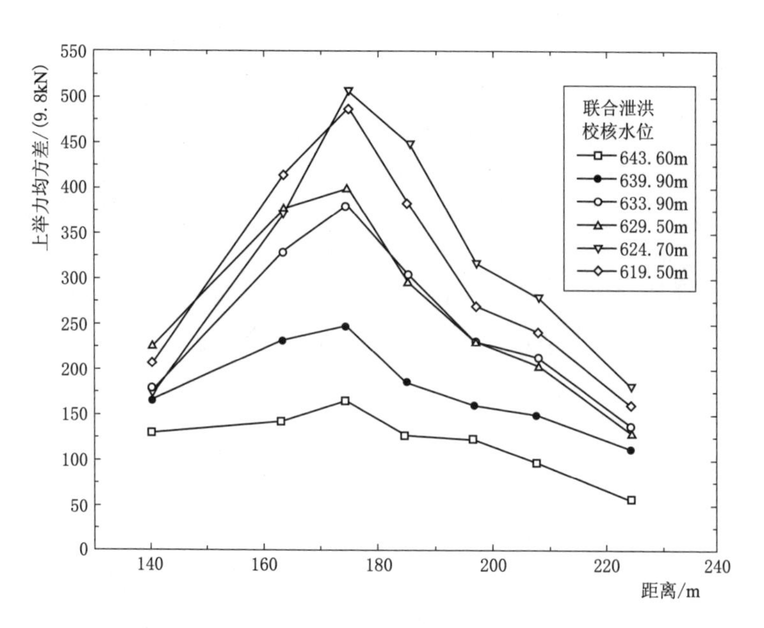

图 4.5-34 联合泄洪时脉动上举力均方差沿程分布

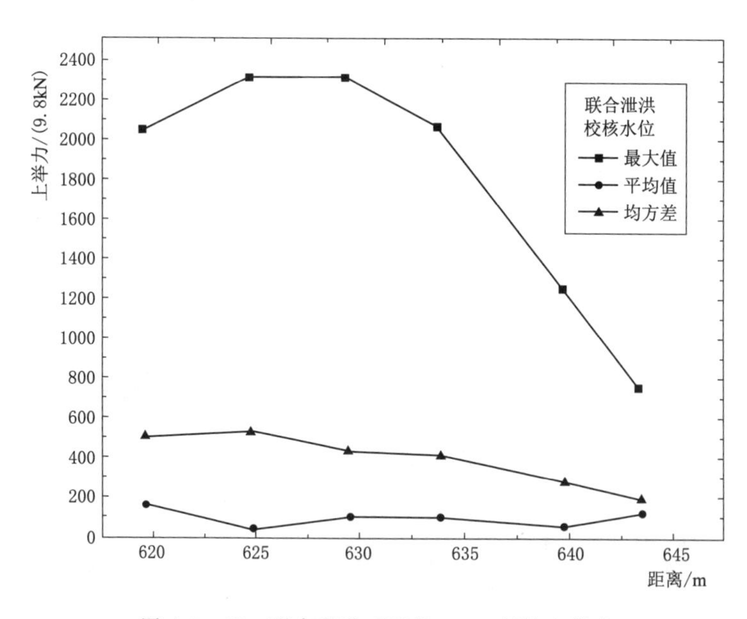

图 4.5-35 联合泄洪时距离 174m 板块上举力

表4.5-7　　表孔单独泄洪时板块平均上举力

距离/m	不同下游水位的平均上举力/(9.8kN)			
	639.20m	633.90m	629.20m	624.50m
140	147.0	99.0	48.0	14.0
163	25.7	9.26	3.3	3.0
174	101.1	51.46	121.2	110.7
185	174.9	115.2	212.8	276.2
197	227.9	198.4	184.6	193.4
208	138.2	146.7	150.4	195.8
225	111.7	116.3	113.9	250.5

表4.5-8　　表孔单独泄洪时板块上举力均方差

距离/m	不同下游水位的上举力均方差/(9.8kN)			
	639.20m	633.90m	629.20m	624.50m
140	62.3	73.3	74.6	92.7
163	17.1	18.2	24.6	23.5
174	85.6	83.7	133.0	115.0
185	90.9	96.5	150.0	189.0
197	98.6	118.0	159.0	313.0
208	99.2	125.0	171.0	435.0
225	90.0	137.0	160.0	397.0

(3) 安全系数的计算。水垫塘底板块抗浮稳定安全系数见表4.5-9和图4.5-41。

表4.5-9　　水垫塘底板块抗浮稳定安全系数

距离/m		140	163	174	185	197	208	225
安全系数	联合泄洪	3.510	0.489	0.544	0.827	1.415	1.069	1.673
	表孔单独泄洪	4.252	3.127	2.992	2.737	2.935	0.972	1.060

(4) 由模型底板块上举力的实测结果可以得出如下结论：

1) 在校核水位时，163m处板块所受上举力最大，最大瞬时值为1366t。

2) 脉动压力值较大，时均压力值很小。

3) 上举力符合正态分布。

4) 脉动上举力的频率很低。

5) 将最大上举力代入式(4.4-2)，计算出最不利位置板块的稳定系数为0.489。可见，在155～190m区域内，单靠板块自重不能维持其稳定，应采取

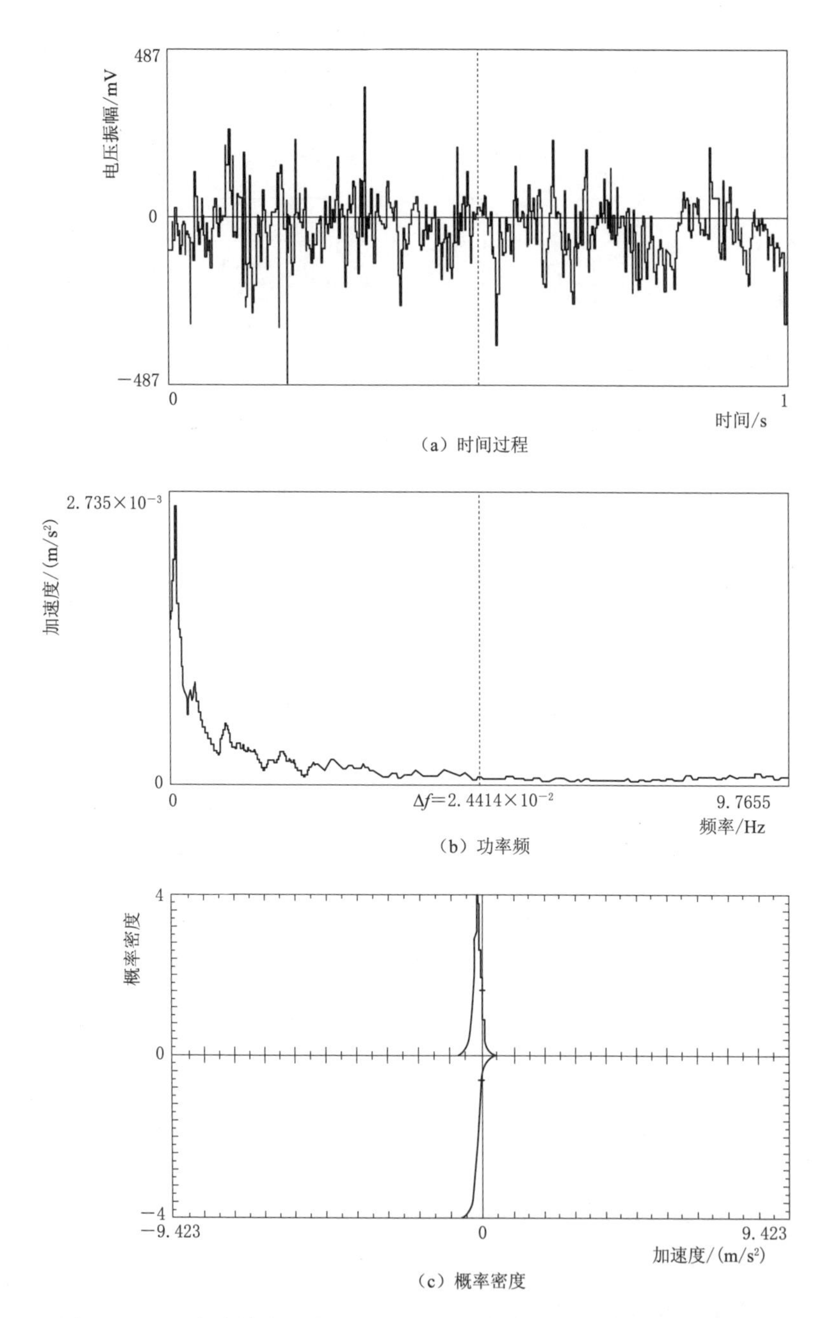

图 4.5-36　表孔单独泄洪时底板上举力时间过程、功率谱、概率密度

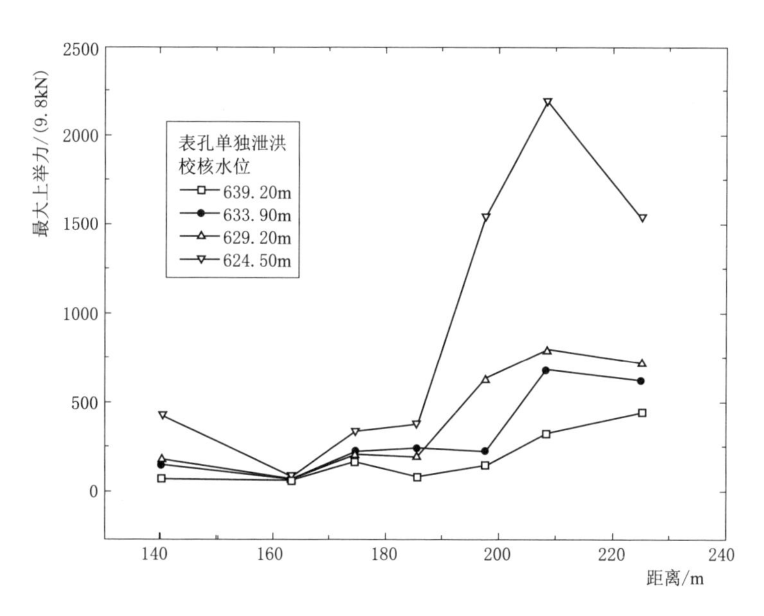

图 4.5-37　表孔单独泄洪时底板最大上举力的沿程分布

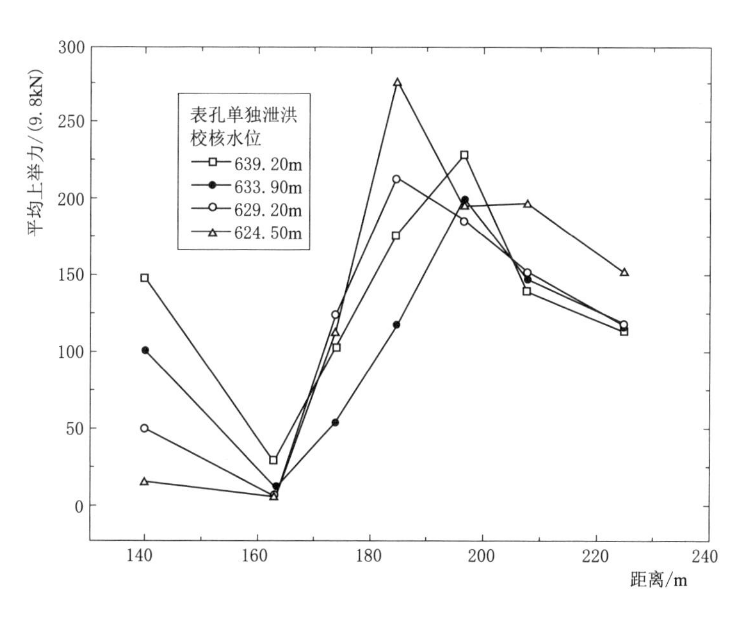

图 4.5-38　表孔单独泄洪时底板平均上举力的沿程分布

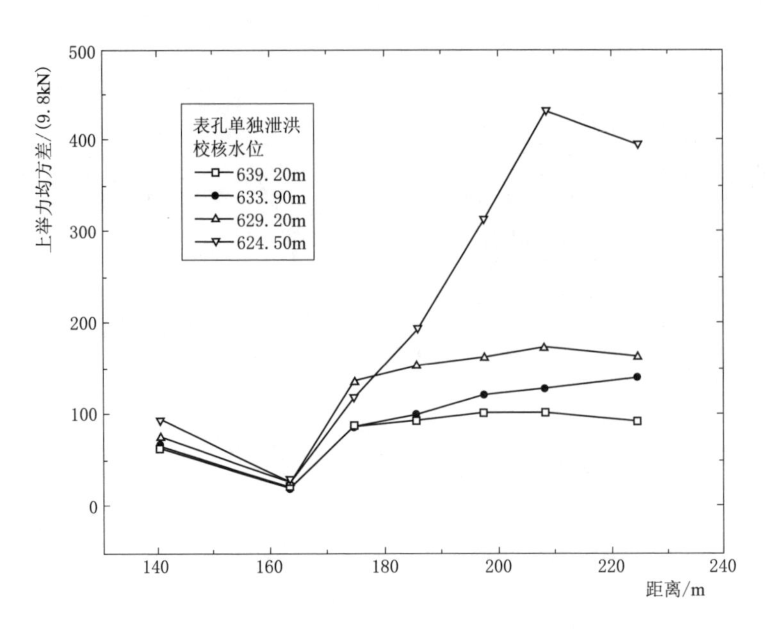

图 4.5-39　表孔单独泄洪时上举力均方差

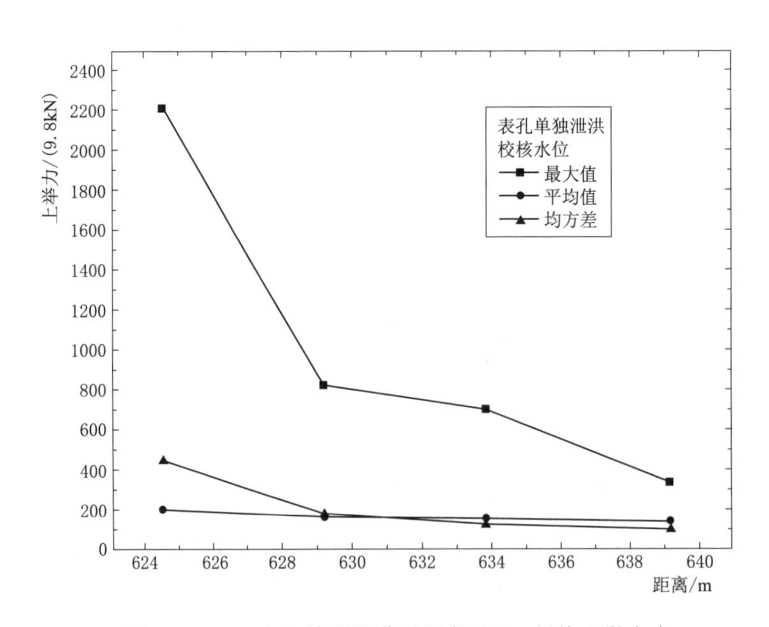

图 4.5-40　表孔单独泄洪时距离 208m 板块上举力

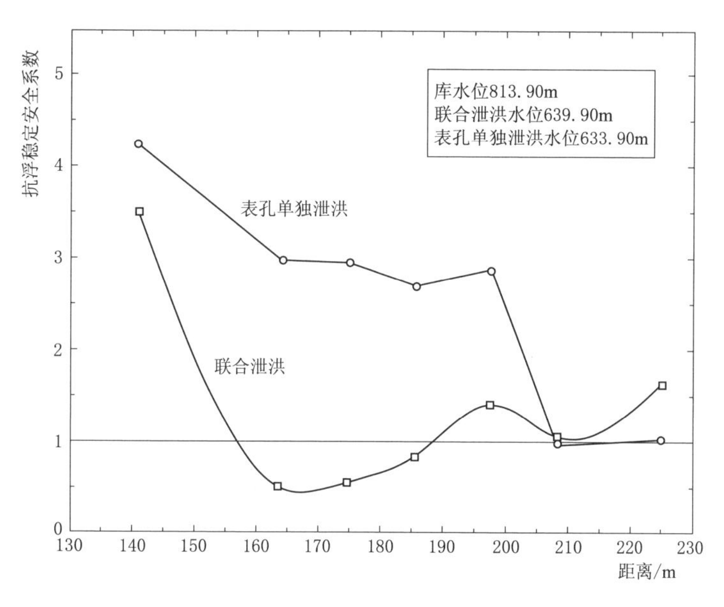

图 4.5-41 水垫塘底板块抗浮稳定安全系数

锚固措施。

6）板块安全系数小于 1.0 的区域与挑射水舌潜入底板的位置吻合（图 4.5-22）。

将图 4.5-23、图 4.5-24 和图 4.5-41 综合到一起，考虑到一定的安全裕度，可以将水垫塘底板的稳定性分成三个区，如图 4.5-42 所示。Ⅰ区、Ⅲ区的安全系数大于 2.0，为稳定区，靠本身自重就能维持稳定。Ⅱ区为不稳定

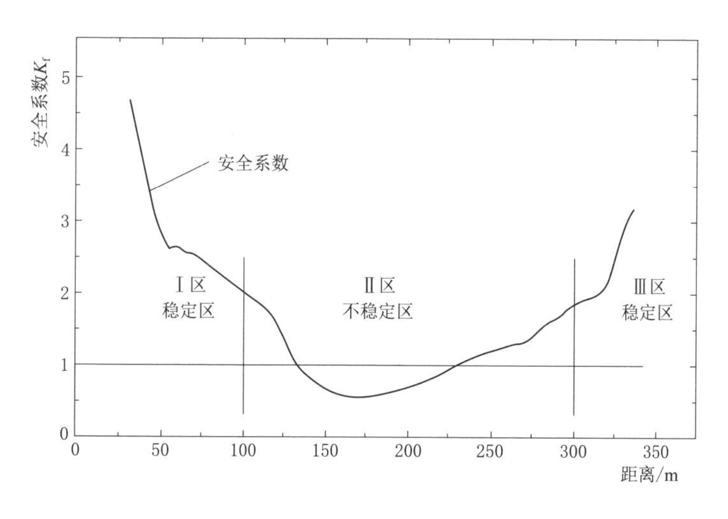

图 4.5-42 水垫塘底板防护分区

区，必须施加锚固力，其大小可由图4.5-42中的安全系数分布线来确定。

在不稳定区（100～300m范围内），需要施加的最大单个板块锚固力为688×9.8kN，可使安全系数达到1.0，达到安全标准。考虑一定的安全储备，建议把不稳定区范围内（100～300m）所有板块均施加大小为5.7×9.8kN的锚固力，以保证工程安全，这在工程上是很容易达到的。

4.5.4　结论

上举力测量结果和测压管的测量结果基本吻合。由上举力测量得出的最小安全系数K_f=0.489，由测压管测量得出的最小安全系数K_f=0.533，不稳定范围前者比后者略小。

第 5 章

水垫塘反拱形底板的稳定性分析

5.1 概述

反拱形底板水垫塘是一种优化的水垫塘消能防冲结构型式，它根据峡谷天然河道的形状，将水垫塘设计成中间低、两岸高的拱形体型，拱形的底部结构能大大地提高护坦承受扬压力的能力。在反拱形底板中，荷载由底板传至拱端，继而传给两岸的岩体。与常规平底板水垫塘相比，反拱形底板水垫塘由于拱向可传递荷载，加强了水垫塘底板的整体稳定性，底板的稳定性条件由平底板水垫塘的单块受力控制转变为整体受力控制。

实际上，对于高山峡谷中的拱坝工程，反拱形底板的优越性已成为共识。首先，反拱形底板能适应河道形状，这不仅可节省开挖及回填工程量，而且可以尽可能地减小对两岸基岩的扰动，有利于两岸山体及拱坝坝肩的稳定，这在高应力地区尤为有利。其次，反拱形底板作为拱式结构，摒弃了底板设计中的重力准则，不是以增加混凝土量或加强锚固去克服不利的荷载组合，而是通过拱结构，将荷载传递到两岸山体，充分发挥了混凝土的抗压能力及拱结构的超载能力，可以减小护坦板厚度，节约材料。另外，拱形水垫塘中间低、两岸高，适应拱坝泄洪时水流向心集中的特点，因而能比较好地适应泄洪消能的要求。

5.2 反拱形底板的等效荷载与水力条件的关系

本节内容是结合 XLD 水电站所做的理论分析和实验研究，重点介绍反拱形底板的结构型式，根据等效荷载的实验推导出了等效荷载与水垫塘水力条件关系的近似公式，得出了拱端推力，分析了反拱形底板的整体稳定性。

5.2.1 XLD 水电站简介

XLD 水电站位于金沙江下游，是以发电为主，兼顾防洪、拦沙和改善下游航运条件等综合效益的巨型水电工程，大坝为抛物线形双曲拱坝，最大坝高278m，水库总库容122.3亿m^3，装机12600MW。电站工程枢纽主要建筑物由混凝土双曲拦河大坝、泄水建筑物、地下引水发电系统等组成。泄水建筑物由坝身7个表孔（12.5m×11m）和8个深孔（6m×6.7m），左、右岸各2条“龙落尾”泄洪洞（14m×12m），左岸1条由导流洞改建成的竖井式非常泄洪洞（12m×12m）所组成。工程坝址位于深山峡谷，具有“窄河谷、高水头、大泄量”的特点。最大泄洪功率高达100000MW，而且60%的洪水通过坝身宣泄，坝身泄量达30000m^3/s，坝身表孔和深孔的最大单宽流量均超过200$m^3/(s\cdot m)$，水垫塘单位水体消能率高。减轻对下游河床的冲刷是XLD水电站设计中的关键技术问题之一。

5.2.2　反拱形底板的计算结构模型与等效荷载

反拱形底板实际是一个拱壳体，但因在垂直水流方向设有永久温度缝，因此可以近似按单位宽度的拱构件进行结构分析。可以根据底板的构造，采用三铰拱、两铰拱、无铰拱等结构型式，并考虑与基岩的共同作用。混凝土结构的抗压强度很难达到材料极限。一般认为，拱结构的破坏包括拱的局部失稳和拱的整体失稳。因此，拱座的稳定分析是很重要的。为了研究方便，以较简单的三铰拱型式来分析（图5.2-1）。

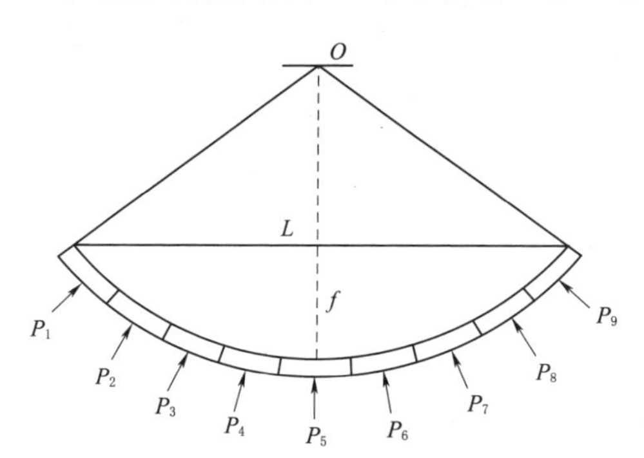

图5.2-1　反拱形底板受力情况示意图
L—跨度；f—拱高

反拱形底板，每块板受的力是不均匀的，所以将各板块测得的最大上举力同时加在反拱结构上的计算模式是不对的，因此引入瞬时上举力随机样本加载的三铰拱力学模型。

实际上拱所受的荷载，应该是很不均匀的，如果按实际情况来计算拱端的推力也是可以的。但是事实上，在设计时仅知道拱坝及水垫塘的水力条件而不知道拱所受的具体荷载，如果能推算出水力条件和拱底板所受荷载关系的经验公式，那么就可以从水力条件推出拱所受荷载，进一步算出拱端的推力，从而验算拱的稳定性。

拱底板的等效荷载就是加在拱底板上并和原来动水压力产生相同作用的等效的均布的上举力。在图5.2-1中，假定$P_i=P(i=1,2,\cdots,9)$，P为其等效荷载。

三铰拱的结构计算简图如图5.2-2所示，计算过程如下。

竖向支座反力V的计算公式为

$$VL=Pr\left(\sin\frac{\theta}{2}+\sin\frac{3\theta}{2}+\sin\frac{5\theta}{2}+\sin\frac{7\theta}{2}+\sin\frac{9\theta}{2}+\sin\frac{11\theta}{2}+\sin\frac{13\theta}{2}+\sin\frac{15\theta}{2}+\sin\frac{17\theta}{2}\right) \tag{5.2-1}$$

式中：r 为圆弧的半径，m；L 为拱的跨度，m；P 为等效荷载，N；θ 为一个分区的圆心角，(°)。

水平支座反力 H 的关系式为

$$V\frac{L}{2}=Hf+Pr\left(\sin\frac{\theta}{2}+\sin\frac{3\theta}{2}+\sin\frac{5\theta}{2}+\sin\frac{7\theta}{2}\right) \tag{5.2-2}$$

式中：f 为拱高，m；其他符号意义同前。

拱端支座合反力 F 与 V 和 H 的关系式为

$$V^2+H^2=F^2 \tag{5.2-3}$$

现在是已知 F、θ、r、L、f，由上面三个公式联立即可求得等效荷载 P。

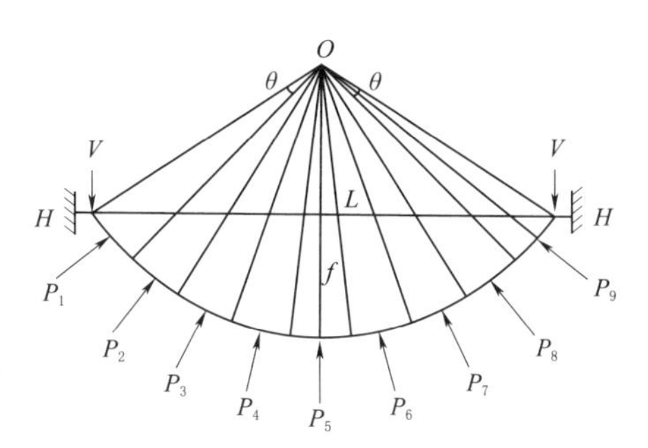

图 5.2-2　三铰拱的结构计算简图

5.2.3 试验原理与试验模型

5.2.3.1 试验原理

试验中量测了板块沿径向的上下表面动水压力差，称之为板块的上举力，定义为

$$F=P_d-P_u \tag{5.2-4}$$

式中：P_d 为板块下表面所受动水压力的瞬时值，由其时均值和脉动值叠加，N；P_u 为板块上表面所受动水压力的瞬时值，由其时均值和脉动值叠加，N；F 为瞬时上举力，由其时均值和脉动值叠加，N。

在静水的情况下调零，这时没有考虑底板自重、浮力及其他影响力，仅测底板上下表面动水压力之差，即是纯的上举力。

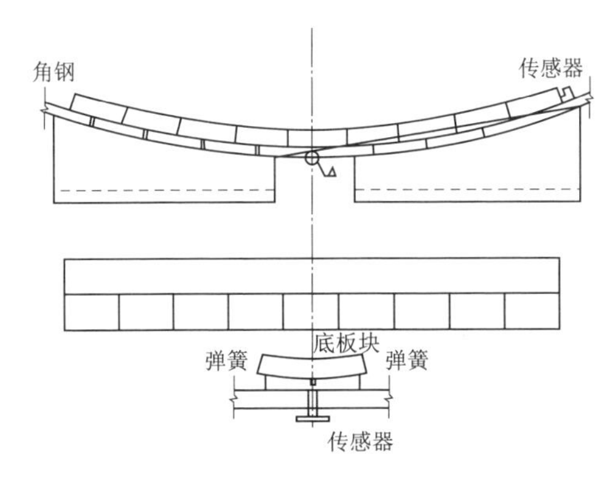

图 5.2-3　水垫塘中底板块安装示意图

5.2.3.2 试验模型

水垫塘中底板块安装示意图详见图 5.2-3。模型底板用加重橡胶制作，每一横向反拱条由上表面横向弧长为 11.82m、下表面横向弧长为 12m、顺水流长度为 12m、

厚度为4m的底板块共9块组成。将其铺设在光滑的灰塑料板上，其四周设有模型尺寸为1mm宽的缝隙，模拟实际混凝土板块间止水破坏后板块间缝隙。缝隙大小按照1mm设计。板块下设有压力传感器（图5.2－3）。在水垫塘横向反拱条上安装9个传感器同时测量。通过受力传感器的输出线，把量测信号接入采样放大器，再通过INV306G智能信号采集处理分析系统接入计算机进行采样和分析处理。

5.2.4　水垫塘底板的水力条件及受力特性

水垫塘中的射流属于淹没冲击射流范畴。由于射流卷吸作用，射流流速沿程衰减，水垫塘起到消能作用。另外，射流达到边壁时，仍具有很大流速，故产生冲击压强。为增加其整体抗冲能力，对水垫塘要进行全面的混凝土衬砌防护。由于底板衬砌块之间以及与岩石接触面之间存在伸缩缝和缝隙，在高速冲击射流作用下，动水压强不仅作用于底板上表面，而且通过缝隙也将传到底板的下表面。动水压强在缝隙中的传播以瞬变流理论为基础。因此，依其动水压强分布特性，底板分三个区域（图5.2－4）。

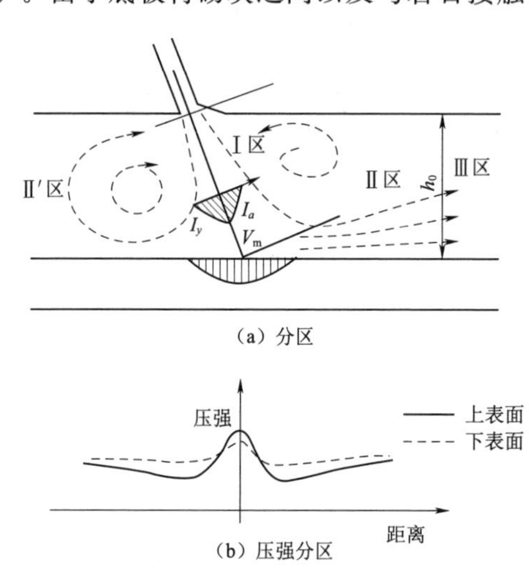

图5.2－4　分区及底板动水压强分布

Ⅰ区为水舌冲击区，直接承受射流冲击作用，底板上表面动水压强很大，同时底板下表面动水压强也达到最大值；Ⅱ区为壁面射流区，射流受边壁约束，流线弯曲，底板上表面压强急剧降低，底板下表面虽有压强降低，但降幅远小于上表面，出现底面压强高于表面压强现象，因此，Ⅱ区易失稳；Ⅲ区为渐变流动区，底面、表面压强与静水压强相近。与Ⅱ区对应的Ⅱ′区，动水压强分布规律与Ⅱ区相近，只是其表面、底面压强差较Ⅱ区小。Ⅱ区底板是首先失稳区。

5.2.5　等效荷载与水力条件关系的经验公式

在试验中，与等效荷载P有关的水力条件有：水垫塘水深h_t、拱坝上下游水位差H、入水单宽流量q、底板厚度D、水的密度及重力加速度等其他因素。由于掺气浓度和水舌入水角变化都较小，所以在这里忽略了这两种因素的影响。在该试验中，水流在底板上部为强紊动水流，因而忽略了水黏滞性的影响。试验中详细地测量了 h_t、H、q 这几个因素的量值，同时还测量了拱端的推力 F 的大小，知道了拱端的推力 F 后，再由三铰拱的计算简图（图 5.2-2）求其等效荷载 P，再由水力条件的试验数据，利用量纲分析拟合等效荷载 P 和水力条件关系的经验公式。三铰拱水力试验结果详见表 5.2-1。

表 5.2-1　　　　三铰拱水力试验结果

组次	F/G	$F/(9.8\text{kN})$	H/m	h_t/m	$q/(\text{m}^2/\text{s})$	$P/(9.8\text{kN})$
1	1.670	2308.608	194.38	79.31	243.6	312.9920
2	1.630	2253.312	197.86	75.82	243.6	305.4952
3	3.120	4313.088	201.75	71.94	243.6	584.7516
4	3.994	5521.306	208.06	65.63	243.6	748.5571
5	4.734	6544.282	212.19	61.50	243.6	887.2482
6	4.879	6744.730	216.69	57.00	243.6	914.4241
7	4.888	6757.171	219.49	54.20	243.6	916.1108
8	0.061	84.3264	192.37	73.97	191.2	11.4326
9	0.960	1327.104	197.24	69.10	191.2	179.9236
10	1.193	1649.203	201.97	64.37	191.2	223.5925
11	1.334	1913.242	206.53	59.81	191.2	259.3899
12	1.955	2702.592	211.94	54.40	1912	366.4060
13	3.509	4850.842	216.45	49.89	191.2	657.6581
14	3.435	4748.544	221.67	44.67	191.2	643.7890
15	0.538	743.7312	192.23	71.77	172.0	100.8322
16	0.607	839.1168	195.43	68.57	172.0	113.7642
17	0.838	1158.451	200.60	63.40	172.0	157.0583
18	0.992	1371.341	204.77	59.23	172.0	185.9210
19	1.049	1450.138	209.43	54.57	172.0	196.6040
20	1.431	1978.214	214.63	49.37	172.0	268.1985
21	3.563	4925.491	220.10	43.70	172.0	667.7788

注　底板厚度 D 为 4m，F 为拱端推力，G 为一块底板的自重。

通过测试数据，拟合出的等效荷载 P 的关系式为

$$\frac{P}{q^2\rho}=f\left(\frac{q^2\rho}{rh_t^2D},\frac{H}{h_t},\frac{H}{D}\right) \tag{5.2-5}$$

可写成如下形式：

$$P=q^2\rho f_1\left(\frac{q^2\rho}{rh_t^2D},\frac{H}{h_t},\frac{H}{D}\right) \tag{5.2-6}$$

或

$$P = q^2 \rho f_2\left(\frac{q^2}{g h_t^2 D}, \frac{H}{h_t}, \frac{H}{D}\right) \tag{5.2-7}$$

式中：P 为等效荷载，N；q 为入水单宽流量，m^2/s；H 为上下游水位差，m；h_t 为水垫塘水位，m；D 为底板厚度，m；ρ 为水的密度，kg/m^3；g 为重力加速度，m/s^2；其他符号意义同前。

式（5.2－5）为无量纲式子，现以式（5.2－5）～式（5.2－7）为依据，进行数据拟合，纵轴为$\frac{P}{q^2\rho}$，横轴为$\frac{q^2H^2}{gh_t^3D^2}$，拟合数据结果见表5.2－2。

表5.2－2　　拟合数据结果

组次	1	2	3	4	5	6	7
$\frac{P}{q^2\rho}$	0.05169	0.05045	0.09657	0.12362	0.14653	0.15101	0.15129
$\frac{q^2H^2}{gh_t^3D^2}$	28.663	33.978	41.3736	57.9533	73.2542	95.9537	114.509
组次	8	9	10	11	12	13	14
$\frac{P}{q^2\rho}$	0.00306	0.04823	0.05994	0.06953	0.09822	0.1763	0.17258
$\frac{q^2H^2}{gh_t^3D^2}$	21.3175	27.4906	35.6576	46.4809	65.0517	87.9638	128.527
组次	15	16	17	18	19	20	21
$\frac{P}{q^2\rho}$	0.0334	0.03769	0.05203	0.06159	0.06513	0.08884	0.2212
$\frac{q^2H^2}{gh_t^3D^2}$	18.8592	22.3506	29.7923	38.0731	50.9245	72.2274	109.523

注　表中数据无量纲。

试验数据拟合结果如图5.2－5所示。

图5.2－5中函数关系近似为线形，由图5.2－5得出经验公式为

$$P = C_1 q^2 \rho + C_2 q^2 \rho\left(\frac{q^2H^2}{gh_t^3D^2}\right) \tag{5.2-8}$$

式中：系数 C_1＝0.00323，系数 C_2＝0.00158。

由图5.2－5得出$\frac{P}{q^2\rho}$和$\frac{q^2H^2}{gh_t^3D^2}$的相关系数 R 为0.91853，式（5.2－8）即为所求的经验公式，验证结果见表5.2－3。

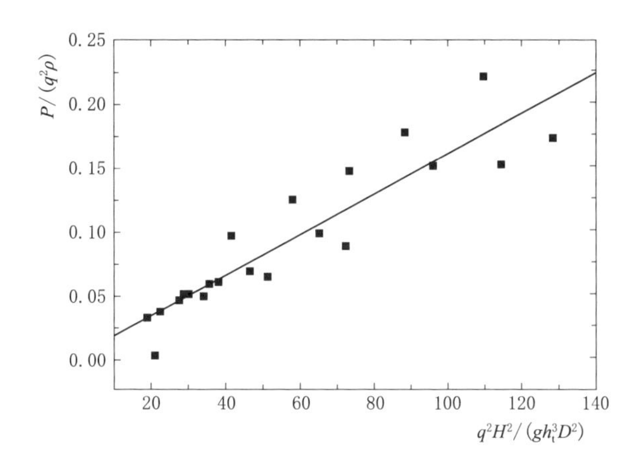

图 5.2-5 试验数据拟合结果

表 5.2-3 经验公式验证结果表

组　　次	1	2	3	4	5	6	7
式（5.2-8）求得的 P/N	2879116	3377431	4070816	5625304	7059899	9188167	9268543
由 F 求得的 P/N	3067322	2993853	5730566	7335860	8695033	8961356	8977886
组　　次	8	9	10	11	12	13	14
式（5.2-8）求得的 P/N	1349399	1705963	2177694	2802853	3875517	5198941	7541920
由 F 求得的 P/N	1120399	1763251	2191207	2542021	3590788	6445049	6309132
组　　次	15	16	17	18	19	20	21
式（5.2-8）求得的 P/N	977088.9	1140288	1488132	1875197	2475906	3471664	5214975
由 F 求得的 P/N	988155.6	1114889	1539171	1822026	1926719	2628345	6544233

经过验证认为，由式（5.2-8）计算的等效荷载 P 与直接由试验量测的拱端推力 F 计算的等效荷载 P 比较接近，故认为式（5.2-8）可以应用。

本节根据反拱形底板水垫塘的试验模型和计算结构模型推导出了反拱形底板水垫塘的水力条件与加在反拱形底板上的等效荷载关系的经验公式，从而为进一步由等效荷载来计算拱端推力提供了方便。验算反拱形底板的稳定性过程为：已知水垫塘水力条件→由经验公式计算拱底板的等效荷载→由等效荷载计算拱端推力（验算拱底板的稳定性）→为设计提供依据。

5.3 反拱形底板结构稳定性分析

反拱形底板实际上是一个圆柱形壳体。在水垫塘结构中，反拱形底板结构稳定性问题属于流体和固体相互作用问题，其作用机理复杂，目前尚无成熟的理论模型来解决这个问题。实际分析其稳定性时，应该根据水流、结构、施工等具体条件，建立最符合实际情况的力学模型，才可以稳妥地解决这个问题。例如，在实际施工时，底板上在垂直水流方向设有永久温度缝，则可以根据底板的构造，采用三铰拱、二铰拱、无铰拱等结构型式进行力学计算，也可以根据薄板壳理论建立力学模型。如果采用拱结构力学模型，对于混凝土材料，其抗压强度很难达到材料极限。一般认为，拱结构的破坏分为拱的整体失稳破坏（对应于拱的整体稳定性）、拱的局部失稳破坏（对应于拱的局部稳定性）、拱的弹性失稳破坏（对应于拱的弹性稳定）。本节内容是以XLD水电站为例进行的反拱形底板的力学模型计算和理论分析。

5.3.1 反拱形底板结构的局部稳定性分析

分析反拱形底板结构的局部稳定性，即分析底板的单个板块的稳定性。借用式（5.3-1）（平底板抗浮稳定的控制条件）来分析反拱形底板的局部稳定性：

$$K_f=\frac{浮重+锚固力}{时均压力差+脉动压力} \tag{5.3-1}$$

式中：K_f 为抗浮稳定安全系数；分母两项之和即为板块所受的上举力。

由于拱的作用，板块失稳破坏（出穴）时，板块除了要克服浮重和锚固力外，还必须要克服两侧相邻板块对其的摩擦力。同时，板块出穴也会使位于同一拱圈上的其他板块有产生位移的趋势，假定其他板块做切向运动，则出穴的板块还必须克服做切向运动的板块与基岩间的摩擦力在它两侧产生的附加摩擦力。

任意底板块临界破坏状态的受力示意图如图5.3-1示，其中又可以分为两种情况：一种情况是边缘底板块受力，另一种情况是中间底板块受力。

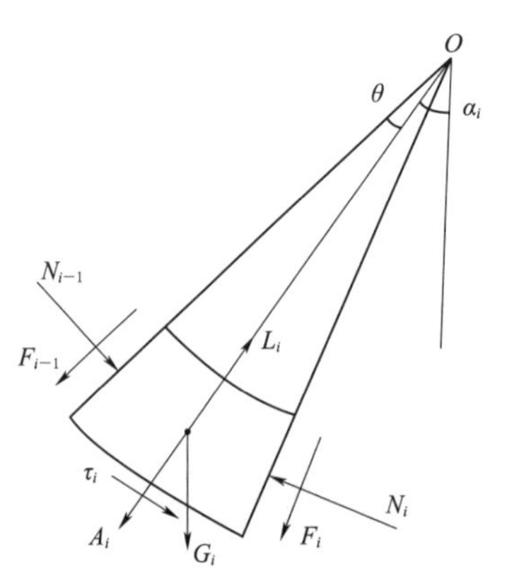

图5.3-1 任意底板块临界破坏状态的受力示意图

5.3.1.1 边缘底板块的稳定性

任意底板块在临界破坏状态的受力参照图5.3-1，其中 L_i 表示块体极限平衡时所需的上举力，A_i 为锚固力，N_i 为拱的轴向推力，F_i 为摩擦力，边缘底板块没有承受其他块体传来的拱推力时，即拱的作用未形成时是最危险的。由于水流荷载是随机的，在运行过程中是完全可能存在不形成拱作用的状态。由受力平衡得

径向力平衡：

$$L_{1d}-N_1\sin\theta=G_1\cos\alpha_1+N_1 f\cos\theta+A_1 \tag{5.3-2}$$

切向力平衡：

$$G_1\sin\alpha_1+N_1 f\sin\theta=N_1\cos\theta \tag{5.3-3}$$

得

$$L_{1d}=\left(\cos\alpha_1+\frac{f\cos\theta+\sin\theta\sin\alpha_1}{\cos\theta-f\sin\theta}\right)G_1+A_1 \tag{5.3-4}$$

边缘底板块（径向）稳定安全系数为

$$K_1=\frac{L_{1d}}{L_{1max}} \tag{5.3-5}$$

式中：L_{1max} 为作用在计算板块上的水流最大上举力，N；其他符号意义同前。

由于 1 号板块（最左边）和 9 号板块（最右边）是对称的，所以选择其中一个进行计算，选择 1 号板块。

根据《金沙江溪洛渡水电站拱坝水垫塘底板稳定性水弹性模型试验研究报告》(彭新民等，2001)，试验测得水流相关参数如下：

$L_{1max}=L_{9max}=2768.2\times9.8\text{kN}=27128.36\text{kN}$，$\alpha_1=34.56°$，$\theta=4.32°$，板块重力 $G_1=G_i(i=1,2,3,\cdots,9)=14182.56\text{kN}$，假定锚固力 $A_1=0$，混凝土与混凝土之间的摩擦系数为 $f=0.65\sim0.80$，取 $f=0.725$，由式（5.3-4）得

$$L_{1d}=\left(0.824+\frac{0.725\times0.997+0.075\times0.567}{0.997-0.725\times0.075}\right)\times14182.56\approx23202(\text{kN})$$

$$K_1=\frac{L_{1d}}{L_{1max}}=\frac{23202}{27128.36}\approx0.86$$

所以，不加锚固力时，1 号和 9 号板块的安全系数为 0.86，小于 1，不安全。

为了保证工程的安全，需要施加的锚固力为（$K_1=K_9=1$）：

$$A_1=A_9=27128.36-23202=3926.36(\text{kN})$$

5.3.1.2 中间底板块的稳定性分析

当拱的作用形成后，即块体存在拱的轴向推力。假定可以承受 N_0 的轴向推力，T 为切向锚固力。由边缘板块切向受力平衡可得

$$G\sin\alpha_1+T_1-N_0 f\sin\theta+N_1 f\sin\theta-N_1\cos\theta+N_0\cos\theta=0 \tag{5.3-6}$$

$$N_1=\frac{G\sin\alpha_1+T_1}{\cos\theta-f\sin\theta}+N_0 \tag{5.3-7}$$

可逆推出任意板块在临界平衡状态的轴向推力：

$$N_i=\frac{G\sin\alpha_i+T_i}{\cos\theta-f\sin\theta}+N_{i-1} \tag{5.3-8}$$

当拱的作用形成后，根据中间板块径向受力平衡可得

$$L_{id}=(N_{i-1}+N_i)(f\cos\theta+\sin\theta)+G_i\cos\alpha_i+A_i \tag{5.3-9}$$

中间板块的安全系数为

$$K_i=\frac{L_{id}}{L_{i\max}} \tag{5.3-10}$$

根据以上公式对 2 号板块进行分析，$\alpha_2=25.92°$，$\theta=4.32°$，$G_2=14182.56\text{kN}$，假定锚固力 $A_2=0$，钢筋的抗剪强度是其抗拉强度的 58%，所以切向锚固力 $T_i=0.58A_i$，由式（5.3-7）得

$$N_1=\frac{14182.56\times0.567+0.58\times3926.36}{0.997-0.725\times0.075}\approx10947(\text{kN})$$

由式（5.3-8）得

$$N_2=\frac{14182.56\times0.437}{0.942625}+10947\approx17522(\text{kN})$$

由式（5.3-9）得

$$\begin{aligned}L_{2d}&=(10947+17522)\times(0.725\times0.997+0.075)+14182.56\times0.899+0\\&\approx35463(\text{kN})\end{aligned}$$

由试验数据查得：$L_{2\max}=4743.81\times9.8\text{kN}$

所以安全系数为

$$K_2=\frac{35463}{4743.81\times9.8}\approx0.76$$

为了工程安全（$K_2=1$），所需要施加的锚固力为

$$A_2\approx11026\text{kN}$$

同理可得中间其他板块的安全系数和所需的锚固力计算结果，见表 5.3-1。

表 5.3-1　　计算的安全系数和锚固力

板块号	3	4	5	6	7	8
安全系数	0.55	1.60	2.00	1.20	1.30	0.58
锚固力/kN	46243.3	0	0	0	0	25763.8

由于第 4、第 5、第 6、第 7 板块的安全系数大于 1，所以不需要施加锚固力；而第 3、第 8 板块的安全系数小于 1，经过计算，当第 3、第 8 板块的安全系数为 1 时，所需要施加的锚固力分别为 46243.3kN 和 25763.8kN。

5.3.2　反拱形底板结构的整体稳定性分析

反拱形底板充分利用拱形结构的整体性及混凝土材料的耐压性，利用拱的推力来维护底板的稳定。只要保持拱座的稳定性和拱结构的整体性，拱底板就能保持稳定。当底板间分缝连接不是很紧密时，可近似采用三铰拱假定计算圆弧形拱各截面的内拱端推力。当底板间分缝连接很好时，采用无铰拱假定，用结构力学的弹性中心法计算各截面内力和拱端推力。

5.3.2.1 三铰拱计算过程

三铰拱力学模型如图 5.3-2 所示。

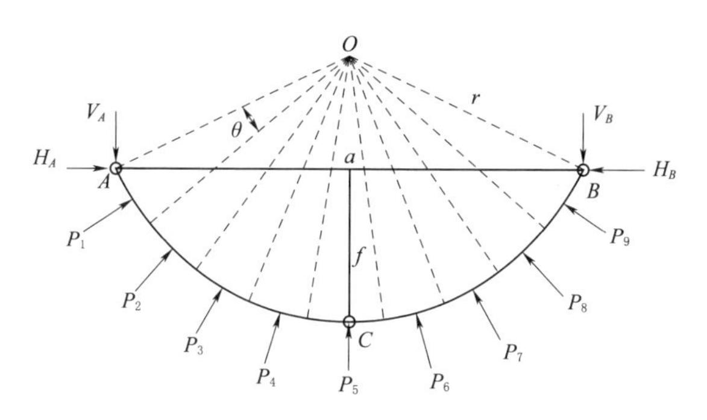

图 5.3-2　三铰拱力学模型

由几何关系得

$$r=\frac{\frac{a^2}{4}+f^2}{2f} \tag{5.3-11}$$

$$\theta=\frac{2}{9}\sin^{-1}\frac{a}{2r} \tag{5.3-12}$$

由 $\sum M_B=0$ 得

$$V_A a=P_9 r\sin\frac{\theta}{2}+P_8 r\sin\frac{3\theta}{2}+P_7 r\sin\frac{5\theta}{2}+P_6 r\sin\frac{7\theta}{2}+P_5 r\sin\frac{9\theta}{2}+P_4 r\sin\frac{11\theta}{2}+P_3 r\sin\frac{13\theta}{2}+P_2 r\sin\frac{15\theta}{2}+P_1 r\sin\frac{17\theta}{2}$$

由此可以求得 V_A。

由 $\sum M_A=0$ 得

$$V_B a=P_1 r\sin\frac{\theta}{2}+P_2 r\sin\frac{3\theta}{2}+P_3 r\sin\frac{5\theta}{2}+P_4 r\sin\frac{7\theta}{2}+P_5 r\sin\frac{9\theta}{2}+P_6 r\sin\frac{11\theta}{2}+P_7 r\sin\frac{13\theta}{2}+P_8 r\sin\frac{15\theta}{2}+P_9 r\sin\frac{17\theta}{2}$$

由此可以求得 V_B。

取左半拱为隔离体，由 $\sum M_C=0$ 得

$$V_A\frac{a}{2}=H_A f+P_4 r\sin\frac{\theta}{2}+P_3 r\sin\frac{3\theta}{2}+P_2 r\sin\frac{5\theta}{2}+P_1 r\sin\frac{7\theta}{2} \tag{5.3-13}$$

$$H_A=\frac{V_A\frac{a}{2}-P_4 r\sin\frac{\theta}{2}-P_3 r\sin\frac{3\theta}{2}-P_2 r\sin\frac{5\theta}{2}-P_1 r\sin\frac{7\theta}{2}}{f} \tag{5.3-14}$$

取右半拱为隔离体，由$\sum M_C=0$得

$$V_B\frac{a}{2}=H_Bf+P_6r\sin\frac{\theta}{2}+P_7r\sin\frac{3\theta}{2}+P_8r\sin\frac{5\theta}{2}+P_9r\sin\frac{7\theta}{2}\tag{5.3-15}$$

$$H_B=\frac{V_B\frac{a}{2}-P_6r\sin\frac{\theta}{2}-P_7r\sin\frac{3\theta}{2}-P_8r\sin\frac{5\theta}{2}-P_9r\sin\frac{7\theta}{2}}{f}\tag{5.3-16}$$

支座推力为

$$\left.\begin{aligned}N_A=\sqrt{V_A^2+H_A^2}\\N_B=\sqrt{V_B^2+H_B^2}\end{aligned}\right\}\tag{5.3-17}$$

式（5.3-11）～式（5.3-17）中：r为半径，m；θ为每一部分夹角，(°)；f为拱高，m；$P_1\sim P_9$为荷载，N；H_A、H_B为推力，N；V_A、V_B为拱端垂向连接力，N；a为拱端A到B的直线长度，m。

5.3.2.2　无铰拱计算过程

无铰拱力学模型如图5.3-3所示。

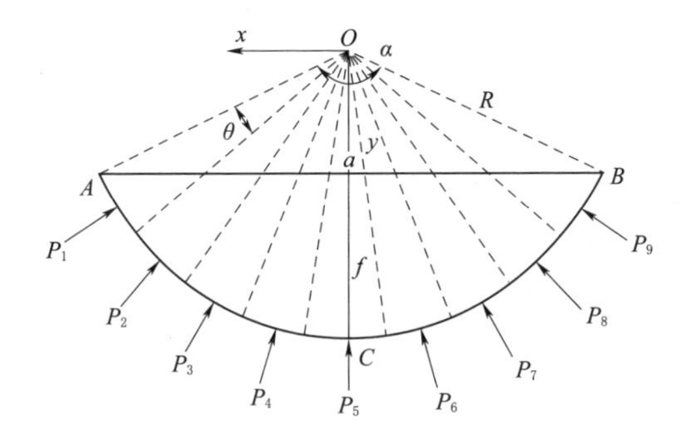

图5.3-3　无铰拱力学模型

用弹性中心法计算，力法方程为

$$\left.\begin{aligned}\delta_{11}x_1+\delta_{12}x_2+\delta_{13}x_3+\Delta_{1P}=0\\\delta_{21}x_1+\delta_{22}x_2+\delta_{23}x_3+\Delta_{2P}=0\\\delta_{31}x_1+\delta_{32}x_2+\delta_{33}x_3+\Delta_{3P}=0\end{aligned}\right\}\tag{5.3-18}$$

对于对称无铰拱，多余未知力中的弯矩x_1和轴力x_2是正对称的，剪力x_3为反对称的，故副系数为

$$\left.\begin{aligned}\delta_{13}=\delta_{31}=0\\\delta_{23}=\delta_{32}=0\end{aligned}\right\}\tag{5.3-19}$$

用弹性中心法计算无铰拱时取的基本结构如图5.3-4所示。

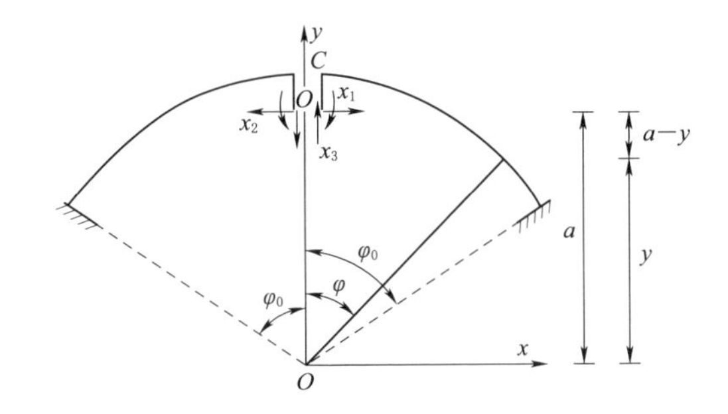

图 5.3-4 用弹性中心法计算无铰拱时取的基本结构

当 $\overline{x_1}=1$、$\overline{x_2}=1$、$\overline{x_3}=1$，分别作用时所引起的内力为

$$\overline{M_1}=1,\ \overline{Q_1}=0,\ \overline{N_1}=0$$
$$\overline{M_2}=y,\ \overline{Q_2}=\sin\varphi,\ \overline{N_2}=\cos\varphi$$
$$\overline{M_3}=x,\ \overline{Q_3}=\cos\varphi,\ \overline{N_3}=-\sin\varphi$$

φ 为拱轴各点切线的倾角，在左半拱取正、右半拱取负：

$$\delta_{12}=\delta_{21}=\int\frac{\overline{M_1M_2}}{EI}\mathrm{d}s+\int\frac{\overline{N_1N_2}}{EA}\mathrm{d}s+\int k\frac{\overline{Q_1Q_2}}{GA}\mathrm{d}s=\int\frac{\overline{M_1M_2}}{EI}\mathrm{d}s+0+0$$
$$=\int\frac{y}{EI}\mathrm{d}s=\int\frac{y_1-y_s}{EI}\mathrm{d}s=\int\frac{y_1}{EI}\mathrm{d}s-\int\frac{y_s}{EI}\mathrm{d}s$$

令 $\delta_{12}=\delta_{21}=0$，刚臂长度为

$$y_s=\frac{\int\frac{y_1}{EI}\mathrm{d}s}{\int\frac{1}{EI}\mathrm{d}s}\tag{5.3-20}$$

式中：E 为弹性模量，Pa；I 为惯性距，m^4。

力法方程简化为

$$\left.\begin{aligned}\delta_{11}x_1+\Delta_{1P}=0\\\delta_{22}x_2+\Delta_{2P}=0\\\delta_{33}x_3+\Delta_{3P}=0\end{aligned}\right\}\tag{5.3-21}$$

多余未知力为

$$\left.\begin{aligned}x_1=-\frac{\Delta_{1P}}{\delta_{11}}\\x_2=-\frac{\Delta_{2P}}{\delta_{22}}\\x_3=-\frac{\Delta_{3P}}{\delta_{33}}\end{aligned}\right\}\tag{5.3-22}$$

(1) 参照图 5.3-4，求弹性中心的位置，坐标系如图 5.3-4 所示。

$$a=\frac{\int\frac{y}{EI}\mathrm{d}s}{\int\frac{1}{EI}\mathrm{d}s}=\frac{\int y\mathrm{d}s}{\int\mathrm{d}s} \tag{5.3-23}$$

用极坐标计算：圆上任意点（x，y）和微段 $\mathrm{d}s$ 的换算关系为

$$\left.\begin{array}{l}y=R\cos\varphi\\x=R\sin\varphi\\\mathrm{d}s=R\mathrm{d}\varphi\end{array}\right\} \tag{5.3-24}$$

将其代入式（5.3-23）可得

$$a=\frac{\int R\cos\varphi R\mathrm{d}\varphi}{\int R\mathrm{d}\varphi}=\frac{2R\int_0^{\varphi_0}\cos\varphi\mathrm{d}\varphi}{2\int_0^{\varphi_0}\mathrm{d}\varphi}=\frac{R\sin\varphi_0}{\varphi_0} \tag{5.3-25}$$

（2）计算系数 δ_{11}、δ_{22}、δ_{33}。根据计算资料（李廉锟，1999），当 $f/L<1/5$ 时，计算系数和自由项时需要考虑的项见表 5.3-2。

表 5.3-2　　计算系数和自由项时需要考虑的项

δ_{11}	δ_{22}	δ_{33}	Δ_{1P}	Δ_{2P}	Δ_{3P}
M	M、N	M	M	M	M

在 XLD 工程中，$\frac{f}{L}=0.1823<\frac{1}{5}$，符合上述条件。

基本结构在单位力 $x_1=1$、$x_2=1$ 和 $x_3=1$ 分别作用下的内力为

$$\overline{M_1}=1,\ \overline{N_1}=0,\ \overline{Q_1}=0$$

$$\overline{M_2}=a-y=a-R\cos\varphi,\ \overline{N_2}=-\cos\varphi,\ \overline{Q_2}=\sin\varphi$$

$$\overline{M_3}=x=R\sin\varphi,\ \overline{N_3}=\sin\varphi,\ \overline{Q_3}=\cos\varphi$$

故得

$$\frac{1}{2}\delta_{11}=\int_0^{0.5S}\frac{\overline{M_1}^2}{EI}\mathrm{d}s=\frac{1}{EI}\int_0^{\varphi_0}R\mathrm{d}\varphi=\frac{R\varphi_0}{EI} \tag{5.3-26}$$

$$\frac{1}{2}\delta_{22}=\int_0^{0.5S}\frac{\overline{M_2}^2}{EI}\mathrm{d}s+\int_0^{0.5S}\frac{\overline{N_2}^2}{EA}\mathrm{d}s=\frac{1}{EI}\int_0^{\varphi_0}(a-R\cos\varphi)^2R\mathrm{d}\varphi+\frac{1}{EA}\int_0^{\varphi_0}(\cos\varphi)^2R\mathrm{d}\varphi$$

$$=\frac{R^3}{EI}\left[\frac{\varphi_0}{2}-\frac{(\sin\varphi_0)^2}{\varphi_0}+\frac{\sin(2\varphi_0)}{4}\right]+\frac{R}{2EA}\left[\varphi_0+\frac{\sin(2\varphi_0)}{2}\right] \tag{5.3-27}$$

$$\frac{1}{2}\delta_{33}=\int_0^{0.5S}\frac{\overline{M_3}^2}{EI}\mathrm{d}s=\frac{R^3}{2EI}\left[\varphi_0-\frac{1}{2}\sin(2\varphi_0)\right] \tag{5.3-28}$$

(3) 计算自由项 Δ_{1P}、Δ_{2P} 和 Δ_{3P}。在基本结构上施加荷载，参看图 5.3-3 及图 5.3-4。自由项 Δ_{1P}、Δ_{2P} 和 Δ_{3P} 计算公式为

$$\left.\begin{aligned}\Delta_{1P}&=\int_{-0.5S}^{0.5S}\frac{\overline{M_1}M_P}{EI}\mathrm{d}s\\\Delta_{2P}&=\int_{-0.5S}^{0.5S}\frac{\overline{M_2}M_P}{EI}\mathrm{d}s\\\Delta_{3P}&=\int_{-0.5S}^{0.5S}\frac{\overline{M_3}M_P}{EI}\mathrm{d}s\end{aligned}\right\}\tag{5.3-29}$$

(4) 多余未知力的计算。由力法方程求得多余未知力：

$$\left.\begin{aligned}x_1&=-\frac{\Delta_{1P}}{\delta_{11}}\\x_2&=-\frac{\Delta_{2P}}{\delta_{22}}\\x_3&=-\frac{\Delta_{3P}}{\delta_{33}}\end{aligned}\right\}\tag{5.3-30}$$

(5) 截面的内力计算及拱端推力计算。

内力为

$$\left.\begin{aligned}M&=M_P+x_1\overline{M_1}+x_2\overline{M_2}+x_3\overline{M_3}\\N&=N_P+x_1\overline{N_1}+x_2\overline{N_2}+x_3\overline{N_3}\\Q&=Q_P+x_1\overline{Q_1}+x_2\overline{Q_2}+x_3\overline{Q_3}\end{aligned}\right\}\tag{5.3-31}$$

拱端推力为

$$F=\sqrt{N^2+Q^2}\tag{5.3-32}$$

由于 XLD 工程的反拱形底板是由 9 个板块组成的，板块与板块之间的连接比刚性连接强度差很多，所以采用三铰拱力学模型比较符合实际情况。反拱形底板上的荷载与拱端推力计算结果见表 5.3-3。

表 5.3-3　　反拱形底板上的荷载与拱端推力计算结果　　单位：t

1号和9号板块荷载	2号和8号板块荷载	3号板块荷载	4号和6号板块荷载	5号板块荷载	7号板块荷载	A端的拱端推力
−974.725	784.2566	2115.024	1310.811	5056.386	2707.154	13604.92
−952.27	830.5776	2115.024	1299.739	5077.176	2631.012	13621.47
−965.369	838.7526	2115.024	1306.382	4919.172	2673.313	13472.16
−970.983	626.2186	2115.024	1284.239	−101.618	1861.131	6443.261
−965.369	677.9896	2133.74	1284.239	−157.751	1824.47	6424.23
−946.657	658.9156	2128.393	1288.668	−166.067	1838.57	6421.614
−933.558	650.7416	2115.024	1284.239	−166.067	1852.671	6412.347

根据表5.3-3，可知各板块上举力除了大小对反拱形底板拱端推力起作用以外，各个板块的上举力互相也有比较大的作用，如在某时刻底板上举力除了1号和9号板块为负外，其他板块互相接近，所以产生大的拱端推力。

反拱形底板充分利用拱形结构的整体性及混凝土材料的耐压性，利用拱的推力来维护底板的稳定。只要保持拱座的稳定性和拱结构的整体性，拱底板就能保持稳定。

将拱座最大反力13621.47t分解，求拱座径向反力 N_r 和切向反力 N_s 分别如下：

$$N_r = H_A \sin\alpha - V_A \cos\alpha = 12249.4\sin 38.88° - 5957.25\cos 38.88° \approx 3051.35(\mathrm{t})$$

$$N_s = H_A \cos\alpha + V_A \sin\alpha = 12249.4\cos 38.88° + 5957.25\sin 38.88° \approx 13275(\mathrm{t})$$

拱端压强 p：

$$p = 2\times\frac{N_s}{A} = 2\times\frac{13275\times 9.8}{48} = 5420.63(\mathrm{kN/m^2}) = 5.42(\mathrm{MPa}) < 15(\mathrm{MPa})$$

XLD工程反拱拱座位于微风化的花岗岩上，其抗压强度大于15MPa，由于反拱形底板随时间变化水压力不同，而表面取用最大值，所以偏于保守。从上述计算结果看，拱座稳定性满足要求。

5.3.3 反拱形底板结构的弹性稳定性分析

薄壁圆管或圆环在径向向心荷载的作用下，可能会出现弹性失稳问题，如水电站引水管的弹性稳定问题就是一个例子。

拱形（圆环）结构，当所受径向荷载较小时，如果忽略轴向变形的影响，则它只产生轴向压力而没有弯矩和剪力，即属于初始的无弯矩状态。当荷载达到某一临界值时，结构会突然发生屈曲，发生偏离原轴线方向的变形，从而丧失稳定（龙驭球等，1988）。

在正常泄洪期，若反拱形底板分缝止水失效，底板将承受径向向心的动水压力；在检修期，若底板下抽排措施失效，底板将承受径向向心的渗透压力。因此，在底板厚度减小至一定值时，底板是否会屈曲破坏（即弹性失稳）是值得研究的问题。

5.3.3.1 拱的弹性稳定机理

将反拱形底板看作是临空的拱结构。按照底板结构的不同，可以分为无铰拱、三铰拱、两铰拱。图5.3-5为圆拱弹性失稳变形示意图。这种力学模型的前提是拱不可压。

设圆弧形拱沿整个轴线方向受均布压力 p 作用。

拱的两端为可动铰支座，在临界压力 p_{cr} 作用下，拱轴线圆弧状的平衡状态就丧失了稳定性，而可能在偏离原来弧线的微小弯曲位置维持平衡，如图

5.3－5 中双点划线所示。此时，其支座可以看作是固定铰支座。这种拱的临界压力 p_{cr} 的表达式为

$$p_{cr}=\frac{EI_y}{R^3}\left[\left(\frac{\pi}{\alpha}\right)^2-1\right] \tag{5.3-33}$$

式中：R 为原始拱轴的曲率半径，m；I_y 为拱的径向截面对 y 轴的惯性矩，m^4；α 为拱轴圆弧所对的圆心角的一半，(°)；其他符号意义同前。

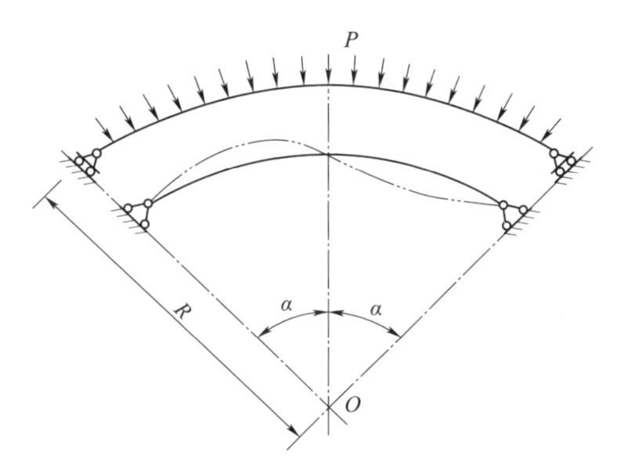

图 5.3－5 圆拱弹性失稳变形示意图

若拱的两端为固定端，则临界压力 p_{cr} 的表达式为

$$p_{cr}=\frac{EI_y}{R^3}(k^2-1) \tag{5.3-34}$$

$$k \cdot \tan\alpha \cdot \cot(k\alpha)=1 \tag{5.3-35}$$

其中，k 由试算求得。

由式（5.3－33）和式（5.3－34）比较可以看出，两端固定的拱的临界压力比两端可动铰支座的拱大。

5.3.3.2 不考虑底板下基岩的围护作用

如果不考虑底板下基岩的围护作用，则圆拱弹性失稳临界荷载可表示为

$$q_{cr}=K_l\frac{EI}{l^3} \tag{5.3-36}$$

其中

$$K_l=\varphi\left(\frac{f}{l}\right)$$

式中：K_l 为临界荷载系数，无量纲；E 为弹性模量，Pa；I 为截面惯性矩，m^4；l 为拱的跨度，m；f 为拱的矢高，m。

对于各种拱结构，临界荷载系数 K_l 的大小与圆心角 2α（或矢跨比$\frac{f}{l}$）有关；同时还与铰的多少有关，铰增多临界荷载系数 K_l 将降低（李存权，2000）。等截面圆弧拱在均布法向荷载作用下平面屈曲临界荷载系数 K_l 见表 5.3－4。

XLD 工程水垫塘反拱形底板，拱的矢高 $f=16.75$m、跨度 $l=102$m，矢跨比 $f/l=0.16$，底板厚度 $h=4$m，混凝土弹模 $E=2.2\times10^4$N/mm²，对无铰拱、两铰拱、三铰拱模型，分别计算了失稳临界荷载，计算结果见表 5.3－5。计算结果表明三铰拱模型的临界荷载较小。

表 5.3-4　等截面圆弧拱在均布法向荷载作用下平面屈曲临界荷载系数 K_l

矢跨比 f/l	半圆心角 α	K_l		
		无铰拱	两铰拱	三铰拱
0.1	22°37′	58.9	28.4	22.2
0.2	43°36′	90.4	39.3	33.5
0.3	61°55′	93.4	40.9	34.9
0.4	77°19′	80.7	32.8	30.2
0.5	90°	64.0	2.04	24.0

表 5.3-5　不考虑基岩围护作用的失稳临界荷载（单位宽度）计算结果

计算模型	无铰拱	两铰拱	三铰拱
计算参数 K_l	77.15	35.08	28.82
临界荷载 q_{cr}/(t/m)	8524.82	3876.22	3184.51

显然，可以看出不考虑底板下基岩维护作用得出来的拱的临界荷载随着拱铰的增加而减小，但是要比 XLD 工程反拱形底板实测的上举力［426.75t/m（上游水位 609.69m，下游水位 415.31m）］还要大。说明在这种情况下，XLD 工程反拱形底板不会发生弹性失稳问题。

5.3.3.3　考虑底板下基岩的围护作用

不考虑基岩的围护作用，意味着底板弹性变形时，局部向内侧凹进，另外部分向外凸出。这种假设拱的长度不变，忽略其压缩变形影响的模型，与水垫塘反拱形底板的工作条件有较大的差异。

事实上，反拱形底板坐落在基岩上，失稳时向下凸出的可能性较小，可能的失稳方式更趋向于局部向上凸出，这样就必须考虑拱轴变形对其弹性稳定的影响。按下述机理来分析：

（1）拱圈在局部范围内承受局部增大的荷载而失稳，由于荷载及其作用是随机的，失稳地点也是随机的。

（2）失稳区支承条件可能是两端固定的，也可能是可动铰支座的，为安全起见，失稳区两端边界条件视作可动铰支座。

（3）非失稳区拱圈变形趋向为向外，但受基岩围护作用，假定拱圈与基岩不黏结、无摩擦力作用，即拱圈与基岩间可发生切向错动，但基岩刚性较大，不存在向外变位，则拱半径保持不变，拱圈有压缩变形。

对两端铰接的拱结构，其失稳问题可按李存权（2000）介绍的方法计算。假定拱圈弹性变形曲线为

$$V=V_0\sin\frac{2x}{l} \tag{5.3-37}$$

则临界失稳荷载可以表示为

$$q_{cr}=\frac{4l^3}{\pi^4 R^3 K_l}\left[\delta \pm 2\left(\frac{1-\delta}{3}\right)^{1.5}\right] \tag{5.3-38}$$

其中

$$\delta=\frac{\pi^6 EIR^2 K_l}{4l^5} \tag{5.3-39}$$

若不考虑拱端变位，则 $K_l=\frac{l}{ET}$（T 为拱圈厚度），有

$$q_{cr}=\frac{4ETl^2}{\pi^4 R^3}\left[\delta \pm 2\left(\frac{1-\delta}{3}\right)^{1.5}\right] \tag{5.3-40}$$

$$\delta=\frac{\pi^6 T^2 R^2}{48l^4} \tag{5.3-41}$$

由式（5.3-41）求出的临界荷载有两个值，较大值 q_{cr1} 即为临界失稳荷载。当外荷载超过 q_{cr1} 时，拱产生弹性跳动，变位跃迁，在新的位置上再次维持平衡；荷载降至 q_{cr2} 时，又产生反向跃迁，回到平衡位置。以上分析排除了结构应力强度破坏。

当 $\delta>1$ 时，拱圈不产生跃迁态失稳现象。

当 $\delta=1$ 时，两个临界荷载归为一个，拱圈不产生突变、跃迁，但变位增大很快。

当 $\delta<1$ 时，可能产生变位、跃迁，即失稳破坏。

对 XLD 工程反拱形底板，应用以上的理论进行分析。反拱厚度 $T=4$m，跨度 $l=102$m，半径 $R=79.25$m，由式（5.3-42）得

$$\delta=\frac{\pi^6 \times 4^2 \times 79.25^2}{48 \times 102^4} \approx 0.019$$

代入式（5.3-41）得

$$q_{cr}=\frac{4 \times 2.2 \times 10^{10} \times 4 \times 102^2}{\pi^4 \times 79.25^3 \times 9800} \times \begin{bmatrix} 0.393 \\ -0.355 \end{bmatrix}$$

$$q_{cr1} \approx 3029(\text{t/m})$$

$$q_{cr2} \approx -2736(\text{t/m})(\text{舍去负值})$$

结论是：$q_{cr1}=3029$t/m 大于实测值 426.75t/m。因此，XLD 工程反拱形底板很安全，不存在弹性失稳问题。

第 6 章

水垫塘结构安全数字化模型

6.1 概述

对于水垫塘结构（或整个大坝结构）的设计过程或正常运行过程，如果能够建立一种数字化模型来模拟整个过程，这对整个工程的实际设计、运行来说，无疑会有很大的指导作用。比如，对于水垫塘结构而言，对实际的工程，假定建立了数字化模型，当表孔单独泄洪时，模型可以准确判断出水垫塘结构的最危险区域，以及在最危险区域里最大的破坏力值；当泄洪状态改变时，如表孔、中孔、底孔联合泄洪时，模型可以自行准确判断出结构的最危险区域以及最大破坏力值，并可以在计算机上进行动态模拟仿真显示。这会对实际工程起到巨大的指导作用。

6.2 水垫塘结构数字化模型的初步设想

6.2.1 问题的实质

水垫塘结构数字化模型设计流程框图如图 6.2-1 所示。

分析图 6.2-1（设计流程框图）的全过程，发现以下三个特点。

（1）整个设计过程是一个反复实践寻求满足各设计目标的过程。在这一过程中，设计目标达到的难易程度（如设计过程反复次数的多少?），设计目标的满意程度（如设计是否符合安全标准或最优?），取决于设计人员的能力和经验。在选定初始方案时，设计人员对该方案与设计目标的符合程度就已经有了一个估计。

（2）在模式中引入了已有工程结构经验（数据库）作为参考，据此，来初步判断方案性能。

（3）整个过程的每一步都由规范、规定等安全标准制约，形成了一系列的约束条件（由简单因果关系构成的规则集合）。

如何根据已有的结构物的性能去推测判断待评估的结构物的性能？基本原理是：已设计过的各类工程的工程特性，形成一个数据空间。对待评估的工程，以其某些工程特征去匹配这一空间，并找到它在结构性能空间中的位置，经过学习训练，进行逻辑思维判断，估出其性能参数，并对该参数作评判，得出结论。

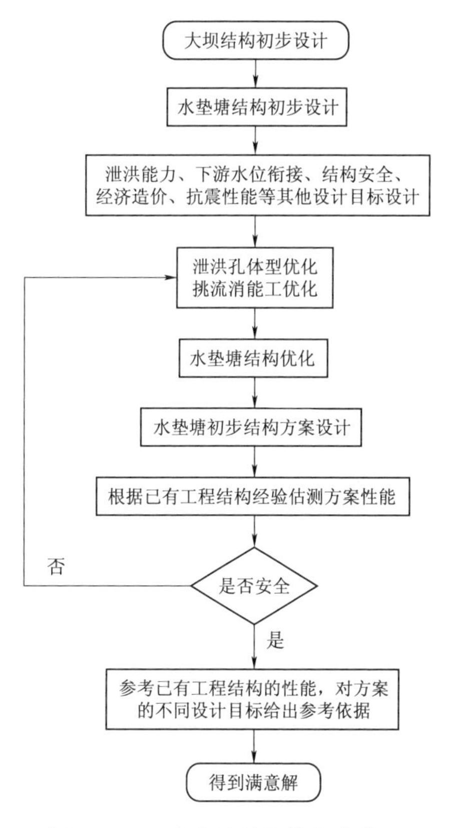

图 6.2-1　水垫塘结构数字化模型设计流程框图

6.2.2　模拟过程中几个不同阶段的数学模型

1. 模拟思路

实际上，根据已有工程来评估现有方案时，通常是由工程之间的“差异”决定的。当工程之间的“差异”较小时，则认为此两工程“相似”。中间过程必须加上系统经过自身的学习训练，可以根据规范或安全标准，进行逻辑思维判断和推理，能够准确地对方案进行评估。要模拟整个过程，必须先从“差异”与“相似”的模拟着手。因此，引入“距离”这一概念作为对工程间差异程度的衡量标准，“距离”绝对值大则差异大，“距离”绝对值小则差异小。

2. “距离”模型

定义：设工程 B 与工程 A 的某一工程特性分别由 $\widetilde{B}$ 与 $\widetilde{A}$ 描述，其论域 U 由因素集 $\mathbf{u}=(u_1,u_2,\cdots,u_k)$ 决定。定义“距离” $R(\widetilde{A},\widetilde{B})$ 为衡量工程 B 与工程 A 之间对应于工程特性差异的定量标准，其计算公式为

$$R(\widetilde{A},\widetilde{B})=\sum_{i=1}^{k}W_i(r_i)\cdot r_i(\widetilde{A},\widetilde{B}) \tag{6.2-1}$$

式中：k 为决定此工程特性的独立因素的数目，对于不同的工程特性，k 可以不同；$r_i(\widetilde{A},\widetilde{B})$ 为工程 B 与工程 A 对应此工程特性在因素 u_i 间的距离；$W_i(r_i)$ 为因素 i 对此工程特性的影响系数，即因素 i 的权数（$i=1,2,\cdots,k$），

W_i 随 r_i 的大小而变，故在此是一“变权”。

有性质：$R(\widetilde{A},\widetilde{A})=0$ 和 $R(\widetilde{A},\widetilde{B})=-R(\widetilde{B},\widetilde{A})$。

3. 相似模型

设距离集合为

$$\mathbf{R}=[R_1,R_2,R_3,\cdots,R_n] \tag{6.2-2}$$

相似关系集合为

$$\boldsymbol{\beta}(R)=\left[\frac{\beta_1}{R_1},\frac{\beta_2}{R_2},\frac{\beta_3}{R_3},\cdots,\frac{\beta_n}{R_n}\right] \tag{6.2-3}$$

式中：$\beta_i(i=1,2,\cdots,n)$ 为可靠度指标。

4. 学习模型

定义：对每一新的工程模式 $\widetilde{B}$，进入模式集合 $\widetilde{\mathbf{A}}=[\widetilde{A_1},\widetilde{A_2},\cdots,\widetilde{A_n}]$ 的条件为

$$\min[R(\widetilde{A_i},\widetilde{B}),\widetilde{A_i}\in\widetilde{A},i=1,2,\cdots,n]\leqslant\theta_2 \tag{6.2-4}$$

式中：θ_2 为学习阈值。

通过此模型，可使新近设计完的实例作为新的事实存入事实库（工程数据库）。该事实归入某一模式类的条件为其与该模式类中至少一个模式的“距离”不大于 θ_2。如果该事实不能按式（6.2-4）的条件进入事实中的某一模式类，则该事实不能进入事实库。

5. 多目标决策模型

设已估测出工程 B 的单项性能目标值集合为 $[B_1,B_2,B_3,\cdots,B_M]$，M 为用于综合评判工程总体性能的单项性能目标的个数。其各个目标值对应于自身的评判标准对于“满意”的隶属度构成单项性能指标模糊子集：

$$[\mu_1(B_1),\mu_2(B_2),\mu_3(B_3),\cdots,\mu_M(B_M)]$$

设单项目标之间的权向量为

$$\boldsymbol{b}=[b_1,b_2,b_3,\cdots,b_M]$$

$$\sum_{i=1}^{M}b_i=1$$

则工程总体性能指标为

$$\xi=\sum_{i=1}^{M}\mu_i(B_i)\times b_i \tag{6.2-5}$$

式中：ξ 为整体性能目标的满意度，即整体目标对于“满意”的隶属度。

此模型根据单项目标指数综合给出工程的整体性能指标，并由此单一衡量指标（满意度）作为统一的性能评估标准，使得设计的最终目标整体合理。

6.2.3 系统结构

水垫塘结构数字化模型系统结构主框图如图 6.2-2 所示。

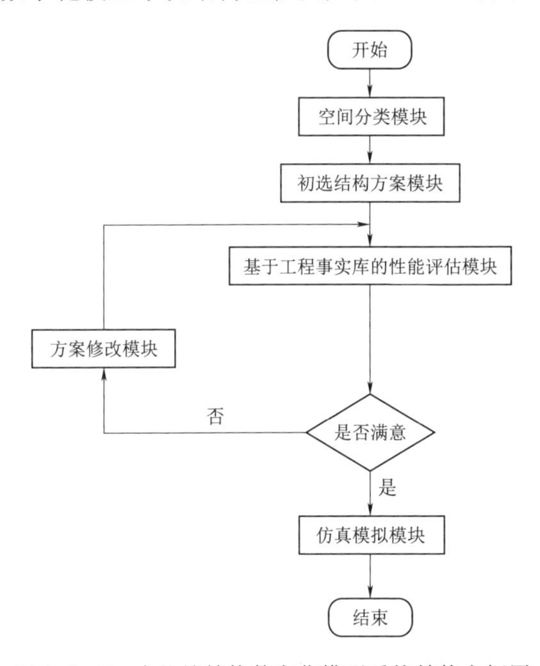

图 6.2-2 水垫塘结构数字化模型系统结构主框图

第7章

结论与展望

7.1 结论

综合本书的研究工作，现把主要研究成果概括如下：

（1）通过总结前人的研究成果，系统总结了挑射水流在水垫塘内的基本特征。由于挑射水流对水垫塘衬砌块的冲刷能力实质上取决于射流落入下游水垫塘后的基本特征，因而探明射流在水垫塘内的扩散规律，对解决水垫塘衬砌块的稳定问题具有重要意义。引用前人关于冲击射流的主要研究成果，结合水垫塘内射流的特征，分析和阐述了射流在各子区域内的基本规律，并在此基础上初步探讨了在冲击区和壁面射流区的动水压强等问题。

（2）一般认为，高坝下游挑跌水流在基岩缝隙中引起的脉动压力及其传播是造成基岩断裂解体和破坏的重要因素。当高速射流作用于岩石河床上时，强烈的脉动水流在基岩缝隙内形成较大的脉动压力并沿缝隙传播，致使基岩沿缝隙和节理面发生水力断裂，逐渐形成错综复杂的裂隙网，最终断裂解体，形成大小不等的岩块。水垫塘内混凝土衬砌的破坏，也首先要使衬砌断裂解体，其力学机制是相同的。第3章列出了用瞬变流理论研究缝隙内脉动压力的方程式。

（3）在第4章中，首先分析了平底板的稳定破坏机理，接着对失稳形式和破坏形态进行了分析，引用随机振动理论分析了平底板的起动过程。结合NZD工程，进行了详细的试验研究，并分析了NZD水垫塘平底板的稳定性，在此基础上，提出了相应的防护措施。

（4）第5章结合XLD工程，研究了反拱形底板等效荷载与水力条件的关系，并推导出了一个经验公式。还分析了反拱形底板的稳定问题，包括局部稳定分析、整体稳定分析和弹性稳定分析。

（5）第6章进行了水垫塘结构数字化模型的初步设想，根据理论流程框图，分析了问题的实质。

7.2 展望

就消能和防冲的关系而言，消能是主动的，是可通过整体规划、合理布局等措施而获得适当的控制，搞好消能也就易于防冲。近年来，随着挑流消能在水利工程中的广泛应用，为了提高消能效果减轻挑射水流对下游河床的冲刷，提出了多种形式的消能工（如窄缝坎、宽尾墩、对冲挑流和多层分散挑流等消能工），并取得了一定的效果。

消能引起的主要问题就是冲刷，严重的冲刷破坏会影响建筑物的安全和正常运行。另外，从减缓下游水流的折冲和波动、减轻下游河床及两岸的冲刷和稳定电站的尾水位来看，采用下游水垫塘进行消能防冲是非常有利的。

由此可见，研究消能一定和防冲联系起来。对于具体工程，只要布局合理、适当选择消能工，冲刷是有可能妥善处理的。

从宏观上看，水垫塘衬砌稳定问题主要是射流的冲刷能力和衬砌块的抗冲能力这一对矛盾相互作用的结果。一般前者属于流体力学、水力学范畴；而后者涉及结构力学、随机振动、水力断裂等学科，是一直困扰人们的难点所在，已非靠单一的学科能获得解决。因而，长期以来在消能防冲研究中，形成了一种理论分析、室内模拟和原型观测三者相结合的方法，并收到了显著效果。今后的工作，仍需要以这一方法为主导，并着重在以下几个方面进行研究：

（1）以往对射流冲击点处的脉动压强特性研究较多，而对易失稳区的脉动压强特性研究相对较少，今后有必要对易失稳区的脉动压强特性重点加以研究。

（2）在水垫较深的情况下，如何用表面脉动压强特性表征底面脉动压强特性，从而回避测量底面脉动压强。

（3）底面缝隙的大小对脉动压强传播特性的影响应作为重要研究内容。

（4）为了减缓射流的冲刷能力，仍需继续研究不同形式的挑流消能工，以使射流在落入下游水垫塘之前尽可能地分散消能。

（5）水垫塘衬砌稳定问题涉及多个学科，要想全面揭示问题的实质必须组织有关学科的专家协同研究，充分应用其他学科的知识。

（6）充分利用现代测量技术，不断改进室内模拟和原型观测手段，进一步提高资料的准确性和完整性。

参 考 文 献

艾克明，1987. 拱坝泄洪与消能的水力设计和计算［M］. 北京：水利电力出版社.
柴华，1990. 三峡溢流坝下游冲坑水流压强脉动与流速脉动特性的研究［D］. 北京：清华大学.
长江水利水电科学研究院，1979. 高速水流译文集［M］. 北京：水利电力出版社.
长江水利水电科学研究院，电力部东北勘测设计研究院科学研究所，湖南省水利电力勘测设计院，等，1980. 泄水建筑物下游的消能防冲问题［R］. 武汉：长江水利水电科学研究院.
陈玉璞，等，1990. 流体动力学［M］. 南京：河海大学出版社.
崔广涛，陈荣光，林继镛，等，1982. 关于挑跌流对河床的动水压力及基岩的防护问题［J］. 天津大学学报（3）：50-53.
崔广涛，1986. 关于急流脉动压力振幅取值问题的探讨［C］//水利水电泄水建筑物高速水流情报网论文集.
崔广涛，1990. 二滩拱坝水垫塘工作条件防护措施及泄洪对坝体的影响［R］. 天津：天津大学.
崔广涛，林继镛，梁兴蓉，1985. 拱坝溢流水舌对河床作用力及其影响的研究［J］. 水利学报（8）：58-63.
崔广涛，彭新民，杨敏，2001. 反拱型水垫塘—窄河谷大流量高坝泄洪消能工的合理选择［J］. 水利水电技术，32（12）：1-3，76.
崔莉，张廷芳，1992. 射流冲击下护坦板块失稳机理的随机分析［J］. 水动力学研究与进展：A辑，7（2）：212-218.
冬俊瑞，黄继汤，徐一春，等，1991. 三峡水利枢纽溢流坝挑流基岩冲刷研究［J］. 长江科学院院报，8（2）：10-21.
高盈孟，1994. 小湾水垫塘护坦板上表面压力特性研究［R］. 昆明：电力部昆明勘测设计研究院.
高盈孟，1995. 高水头大流量泄洪消能研究——高坝水力学原型观测及反馈分析［R］. 昆明：电力部昆明勘测设计研究院.
葛孝椿，1993. 反拱底板内力分析［J］. 岩土工程学报，15（2）：46-58.
郭怀志，1980. 溢流拱坝下反拱式消力池试验研究与工程设计［J］. 海河水利，7：10-11.
郭子中，1982. 消能防冲原理与水力设计［M］. 北京：科学出版社.
汉高，2001. 高拱坝消能塘形式的研究［D］. 天津：天津大学.
黄种为，陈瑾，1992. 高拱坝泄洪与水垫塘底板动水压力问题的试验研究［J］. 水利学报（11）：50-56.
姜文超，梁兴蓉，1983. 应用紊流理论探讨脉动压力沿缝隙的传播规律［J］. 水利学报（9）：53-59.
金康宁，1986. 同时考虑切、法向抗力的弹性地基园拱单元［J］. 工程力学，3（1）：125-

133.
李存权，2000. 结构稳定和稳定内力 [M]. 北京：人民交通出版社.
李廉锟，1999. 结构力学 [M]. 北京：高等教育出版社.
练继建，1987. 二元射流作用下边壁动水荷载及其应用 [D]. 天津：天津大学.
练继建，杨敏，安刚，等，2001. 反拱型水垫塘底板结构的稳定性研究 [J]. 水利水电技术，32 (12)：24-26.
梁兴蓉，1984. 挑流冲刷过程的压力谱场特性的随机分析 [J]. 天津大学学报 (3)：109-117.
林继镛，练继建，1988. 二元射流作用下点面脉动壁压的幅值计算 [J]. 水利学报 (12)：34-40.
林继镛，练继建，1994. 二元淹没射流脉动壁压的相关与频谱特征 [J]. 天津大学学报，27 (6)：691-697.
林继镛，彭新民，1985. 挑跌流作用下底板稳定性试验研究 [C]//水利水电系统应用概率统计学术讨论会文集.
刘沛清，1994. 挑射水流对岩石河床的冲刷机理研究 [D]. 北京：清华大学.
刘沛清，冬俊瑞，余常昭，1994. 在岩缝中脉动压力传播机理探讨 [J]. 水利学报 (12)：31-36.
龙驭球，包世华，1988. 结构力学 [M]. 北京：高等教育出版社.
陆大绘，1986. 随机过程及其应用 [M]. 北京：清华大学出版社.
毛野，1982. 有关岩基冲刷机理的探讨 [J]. 水利学报 (2)：46-54.
彭新民，练继建，2001. 金沙江溪洛渡水电站拱坝水垫塘底板稳定性水弹性模型试验研究报告 [R]. 天津：天津大学.
天津大学，大连工学院，1981. 结构力学 [M]. 北京：人民教育出版社.
天津大学水工高速水流研究室，1981. 水工高速水流论文集 [C]. 天津：天津大学.
许多鸣，余常昭，1983. 平面水射流对槽底的冲击压强及其脉动特性 [J]. 水利学报 (5)：52.
杨永全，1995. 小湾水垫塘水力特性及设计优化研究 [R]. 成都：四川大学.
余常昭，1963. 射流冲刷作用及分散掺气影响的研究 [J]. 水利学报 (2)：71-74.
余常昭，1992. 环境流体力学导论 [M]. 北京：清华大学出版社.
赵学端，廖其奠，1983. 粘性流体力学 [M]. 北京：机械工业出版社.
赵耀南，梁兴蓉，1988. 水流脉动压力沿缝隙的传播规律 [J]. 天津大学学报 (3)：55-65.
郑顺炜，1992. 英古里水电站 [R]. 北京：中国电力企业联合会.
BELTAOS S，RAJARATNAM N，1973. Plane turbulent impinging jets [J]. Journal of Hydraulic Research，11 (1)：29-59.
BELTAOS S，RAJARATNAM N，1974. Impinging circular turbulent jets [J]. American Society of Civil Engineers，100 (10). DOI：10.1016/S0022-460X (74) 80150-1.
BELTAOS S，RAJARATNAM N，1977. Impingement of axisymmetric developing jets [J]. Journal of Hydraulic Research，15 (4)：311-326.
BLEVINS R O，1977. Flow-induced vibration [R]. Van Nostrand Reinhold Company.
BOWERS C E，TOSO J，1988. Karnafuli project，model studies of spillway damage [J].

Journal of Hydraulic Engineering，114：469－483.

BRADSHAW P，LOVE E M，1961. The normal impingement of a circular air jet over a flat surface. R&M No. 3205 [R]. Aero Research Council. England.

FIOROTTO V，RINALDO A，1992a. Fluctuating uplift and lining design in spillway stilling basins [J]. Journal of Hydraulic Research，118 (4)：578－596.

FIOROTTO V，RINALDO A，1992b. Turbulent pressure fluctuations under hydraulic jumps [J]. Journal of Hydraulic Research，30 (4)：499－520.

HARTUNG F，HAUSLER E，1973. Scours，stilling basins and downstream protection under free overfall jets at dams [R]. 11th Congress on Large Dams. Madrid.

HINZE J O，1975. Turbulence [M]. McGraw－Hill Book Co.

LOONEY M K，WALSH J J，1984. Mean－flow and turbulent characteristics of free and impinging jet flows [J]. J. Fluid Mech，147：397－429.

POREH M，CERMAK J E，1959. Flow characteristics of a circular submerged jet impinging normally on a flat boundary [C]//Proceedings，Sixth Midwestern Conference on Fluid Mechanics，University of Texas，Austin，Texas：198－212.

RAJARATNAM N，1965a. Submerged hydraulic jump [J]. American Society of Civil Engineers，91 (4)：71－96.

RAJARATNAM N，1965b. The hydraulic jump as a wall jet [J]. American Society of Civil Engineers，91 (5)：107－132.

RAJARATNAM N，1976. Turbulent jets [M]. Amsterdam：Elsevier.

SCHAUER J，EUSTIS R，1963. The Flow Development and Heat Transfer Characteristics of Plane Turbulent Impinging Jets [R]. Report 3. Department of Mechanical Engineering Stanford University.

SCHLICHTING H，1979. Boundary－layer theory [M]. McGraw－Hill Book Company.

TANI I，KOMATSU Y，1964. Impingement of a round jet on a flat surface [J]. proceedings，11th International Congress on Applied Mechanics，Munich，Germany：672－676.